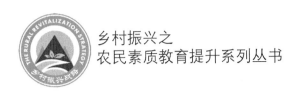

乡村振兴之
农民素质教育提升系列丛书

南方果树栽培与
病虫害防治技术

赵乐元　宋艳荣　卢慧苏　主编

U0306406

中国农业科学技术出版社

图书在版编目（CIP）数据

南方果树栽培与病虫害防治技术／赵乐元，宋艳荣，卢慧苏主编. —北京：中国农业科学技术出版社，2020.8

（乡村振兴之农民素质教育提升系列丛书）

ISBN 978-7-5116-4893-8

Ⅰ.①南…　Ⅱ.①赵…②宋…③卢…　Ⅲ.①果树园艺②果树-病虫害防治　Ⅳ.①S66②S436.6

中国版本图书馆 CIP 数据核字（2020）第 133082 号

责任编辑　姚　欢
责任校对　马广洋

出 版 者　中国农业科学技术出版社
　　　　　北京市中关村南大街 12 号　邮编：100081
电　　话　（010）82106636（编辑室）　（010）82109702（发行部）
　　　　　（010）82109709（读者服务部）
传　　真　（010）82106631
网　　址　http://www.castp.cn
经 销 者　各地新华书店
印 刷 者　北京建宏印刷有限公司
开　　本　850 mm×1 168 mm　1/32
印　　张　5.75
字　　数　150 千字
版　　次　2020 年 8 月第 1 版　2020 年 8 月第 1 次印刷
定　　价　30.00 元

《南方果树栽培与病虫害防治技术》
编　委　会

前　言

　　果树是农业生产的一个重要组成部分，不仅能增加农业产值，还能绿化美化环境。我国南方天气暖和，空气湿润，非常适合果树的生长。因此，南方水果不仅种类丰富，而且味道鲜美。为帮助农民朋友提高南方果树先进的栽培技术，了解南方果树常见病虫害防治技术，特编写本书。

　　本书选取了南方地区常见的 13 种果树，包括香蕉、杧果、荔枝、菠萝、澳洲坚果、脐橙、杨梅、番石榴、枇杷、石榴、草莓、樱桃、槟榔。每种果树从栽培技术、主要病害防治、主要虫害防治三方面进行了详细介绍。

　　本书具有内容丰富实用、结构合理、层次清晰、语言通俗易懂、栽培技术先进、可操作性强等特点，非常适合南方果树生产者阅读和参考。

　　由于时间仓促，编者水平有限，书中难免存在不足之处，欢迎广大读者批评指正。

编　者

2020 年 4 月

目　　录

第一章 香蕉栽培与病虫害防治技术

第一节 香蕉栽培技术

一、育苗建园

（一）育苗

香蕉育苗方式包括吸芽繁殖育苗和组织培养育苗。

1. 吸芽繁殖育苗

我国有采用吸芽作种苗的传统，种苗要选头大尾小的吸芽。主要是褛衣芽和红笋。春种一般选用过冬的褛衣芽，而夏、秋栽植多选用当年抽生（2—5月），高0.6m左右的红笋。吸芽直接从蕉园挖取，挖苗时，用锋利的蕉铲从吸芽与母株相连处切离，尽量少伤母株地下茎，挖出的吸芽应有自己的地下茎，否则栽植不能成活。

2. 组织培养育苗

采用传统的吸芽苗作繁殖材料已很难加速良种繁殖的需要，而且大田蕉苗（吸芽）的发病率有逐年增加的趋势。组织培养苗是采用生物工程技术，取香蕉优良无病健壮母株吸芽苗的顶端生长点作为培养材料，经过消毒培养诱发成苗。从组培公司购苗，最好选择在9月底，通过分株假植培育，翌年3月有叶10~12片时栽植较好。由于组培苗组织幼嫩，需及时喷药防治蚜虫，

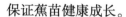

保证蕉苗健康成长。

（二）选地和整地

香蕉喜温忌冻。因此，较理想的园地小气候环境是周年无霜或霜冻不严重，空气流通，地势开阔。选择避风避寒，背北向南的地块；土层深厚、疏松、肥沃，不选用重碱、黏土、沙土或易积水的地段。沿海地区还要选择台风危害不严重或有天然屏障的地势。

坡地栽植，过去常采用等高梯田种植，目前逐步推广深沟种植，方法是在等高线上挖一深沟，即 80cm×70cm×50cm（沟面宽×沟底宽×沟深），单行种植，沟内回表土，增施有机肥，回土后略呈沟状。这样，可充分利用自然降水，保持土壤湿润。

平地种植，建园时先深翻作畦，采用高畦深沟方式栽培，园地四周挖宽 1m，深 1.5m 的排灌沟，畦沟深 50～60cm。一般畦面＋排水沟为 4m，每畦植蕉两行，蕉穴离畦边 50cm，行距 2.4m，植穴的大小视质地而定。土质越硬，挖的穴越大，一般宽 60～80cm，深 60cm。

二、苗木栽植

（一）栽植时期

我国香蕉产区周年可种植，要取得较好的经济效益，应视当地的气候、土壤、栽培条件而选择栽植时期。植期是调节产期的主要措施。在冬季较暖、周年无霜、管理水平高、土壤肥沃的地区，可选择春种，2 月至 3 月中旬种植，气温回升，雨水渐多，栽植成活率高，大苗种植如果管理得当，当年 10 月抽蕾，12 月至翌年 1 月即可收获。大部分香蕉产区均采用春植。在冬季有不同程度低温寒害，管理水平不高的地区则宜选择秋植。秋植宜在 8—9 月，以中秋前后为好，植后有 2 个月左右生长，当年扎好根，积累一定养分，过冬时已有 8～10 片大叶，抗寒能力较强，即使遇到轻度霜冻，对生长影响不大，翌年春暖后生长迅速，到7—8月抽蕾，11—12月收获，产量高、品质好，又可避免收雪蕉。

（二）栽植密度

栽植密度依据种类、品种、土壤肥力、单造或多造蕉、地势、机械化管理程度而定。栽植方式采用长方形、正方形和三角形。一般单株植的株行距：矮蕉2.0m×2.3m，亩植145株；中型蕉2.0m×2.5m，亩植125株；高把蕉2.3m×2.5m或2.7m×2.7m，亩植91~116株。根据广西香蕉产区的经验，目前推广种植的威廉斯以亩植110~120株较为适宜（即株行距为2.3m×2.5m），具果梳多、果指大、品质好、产量高等特点。

当然管理水平高，可适当种稀些，主要是肥水充足，植株粗大，叶片茂密，通风透光差；但在一般管理的情况下，则产量是随着密度的增加而提高，也不宜过密，否则会因相互荫蔽，中下层叶片早衰，延迟抽蕾，影响产量。

（三）栽植方法

1. 植穴准备

平地园先翻犁风化，然后起畦，每畦双行（规格如上述），按株行距挖定植穴，植穴宽0.5~0.8m，深0.3~05m，视土质而定，坡地深沟种植。每植穴施足基肥，穴施土杂肥25kg，磷肥0.5kg，尿素0.1kg，氯化钾0.1kg，猪粪或鸡粪2.5kg，作基肥，并与表土拌匀，填于植穴内，然后用表土回平或略高。沟植时，回土后沟内略低于沟面。

2. 种植方法

种植时要选好种苗，种苗好坏，直接影响产量和品质。优良种苗的共性是：地下球茎大，形状似竹笋，生长粗壮，伤口小，无病虫为害。用组培苗时，蕉苗生长正常，不用变异苗。定植时应注意以下6点：①种植深度以深于蕉头6cm左右为宜，过深过浅均不利于生长，植穴适当施些煤灰，利于根系生长；②蕉苗伤口要统一朝向，利于以后整齐留苗，便于管理；③种吸芽时，把蕉头的芽眼挖除，种后减少营养消耗；④种苗按高矮、大小分片种植，便于管理；⑤种后将泥土踏实，淋水，做好覆盖、防晒工作；⑥大苗定植适当剪除部分叶片，减少蒸腾失水，提高成活率。

三、土肥水管理

（一）中耕除草

香蕉根系分布在土壤的表层，耕作时容易伤根。中耕除草时尽量浅耕，耕深2~5cm即可，可采用化学除草剂消灭杂草，如用克芜踪、农达、草甘膦等，使用时要注意，离开植株蕉头60cm以上，蕉头周围杂草人工拔除。只要管理得当，经3~4个月后植株生长茂盛，叶片密接，阳光难以透进，则杂草难以生长。及时松土，秋植或留宿根蕉，一般在冬季寒冷过后早春回暖，新根发生前，进行一次深耕，以增进土壤透性和改善根系生长条件。一般在春节过后1个月左右，不宜耕作过早或过迟。如果深耕过早，极易受到"倒春寒"的影响而受冻害；耕作过迟，新根已大量发生，则伤根过多，影响根群生长。耕深的深度视当地环境而定，平原区，根系较浅，深度为15cm；山地蕉园，根群深生，耕深以20cm左右为好。深耕时把隔年的旧蕉头挖除，以免影响根群及蕉头的生长；当年的蕉头要保留，它还有一定的营养，可供新根生长。

（二）施肥

1. 香蕉的营养特点

香蕉生长迅速，一年即可结果，产量高，必须从土壤中吸收大量养分，且根系浅，对肥料特别敏感。搞好肥水管理，可以增加雌花数目，控制开花期，增加果穗重量。钾需要量最多，氮次之，磷最少。其氮、磷、钾含量的比例为 4 ∶ 1 ∶（13~14）。

2. 香蕉施肥

香蕉生长速度很快，施肥及时，才能获得高产。在生产上，经常把香蕉全生育期分为 3 个阶段：营养生长期、花分化期和果实发育期。研究表明，香蕉营养生长期（1~5 个月）对肥料反应最敏感，是重要的养分临界期，应重视香蕉全生育期最初 3 个月的分生组织发育量（营养生长），此阶段养分的供应视情况而定。也就是说，初期少量多次施肥比后期大量施肥更重要。因此，香蕉的施肥采用前促、中攻、后补的原则。即香蕉栽植成活后或者留荫后，应马上施肥，不可拖延，到抽花蕾时应施完大部分肥料。当然抽蕾结果后的施肥也不可缺少，它是果指增大的物质基础，营养不足，则产量会下降。各地的施肥量有所不同，一般每株用尿素 0.5kg，过磷酸钙 0.56kg，氯化钾 1kg，复合肥 2kg，花生麸 1kg。各生育期的施肥分量：营养生长期 35%，花芽分化期 50%，果实发育期 15%。

前促即营养生长期（约 3.5 个月）分 8 次施肥，N 和 K 比例是 1 ∶（1~1.3），在栽植后半个月开始淋施水肥，每隔 10d 淋施一次，前 4 次肥的钾肥用氯化钾，以后改用硝酸钾则效果更好。施肥浓度随植株的长大而增加。

中攻即中后期分 4~5 次（约 2.5 个月）施肥，N 和 K 比例为 1 ∶（1.5~1.8），每 15d 施一次肥。每株每次施复合肥 0.2~ 0.3kg，氯化钾 0.15~0.2kg；花芽分化前一个月重施肥，株施复合肥 0.4~0.5kg，氯化钾 0.3kg，花生麸 1kg。后补（断蕾，幼果期）分 2 次施，以复合肥和草木灰为主。每株用复合肥 0.3kg，草木灰和猪粪 5kg。

大蕉和粉蕉对肥水要求不如香蕉，肥料用量和施肥次数可适当减少。

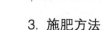

3. 施肥方法

可分沟施和撒施两种。冬春的基肥为沟施，即离蕉头 40cm 处开一半圆形沟。沟深 20~30cm，施后盖上土。尿素、钾肥、复合肥采用撒施，即在多雨季节施用，也可开浅沟（约 10cm）施，施后盖土，花芽分化前后的 2~3 次大肥不适用沟施，可直接撒于地表，然后盖土，以免伤根。施后可灌跑马水，保湿土壤，提高肥料利用率。

（三）培土

香蕉地下茎抽生的吸芽会逐年上移，所以每年需要上泥培土。培土既有助于生长、延长结果年限，又可以起防止植株露头、倒伏。一般每年培土 2~3 次，培土的原则是旱季多培，雨季少培，雨天不培。如果雨天培土，会造成土壤板结，则会引起大量根群窒息死亡。一般第一次在 3—4 月天气转暖后进行，此期培土宜多，平整畦面，避免积水且具有覆盖作用，促进新根大量发生；第二次在 5—7 月，用量宜少；第三次在 8—10 月，用量宜多，有防止秋后土壤干旱、营养器官早衰的作用。使用的材料有塘泥、河泥，也可结合中耕除草，把除下的草皮泥土培壅在根茎附近，既可腐烂做肥，又可培土、防寒。

（四）灌溉、排水

1. 灌溉

香蕉叶片巨大，根系分布浅，假茎、叶片、果实含水量在 80% 以上，因此，决定了香蕉需要大量的水分，土壤中含有适当的水分才能满足生长，尤以旺盛生长期需水较多，抽蕾期为需水敏感期，水分过多或者不足均影响产量，据测定，香蕉每制造 1g 干物质，需从土壤中吸收 600g 的水。有灌溉条件的蕉园，每株年平均可长叶片 32.8~37.3 片；无灌溉条件的蕉园年平均长叶片仅 28.9 片。因此，灌溉能加快香蕉生长，提早结果，增加产量。我国香蕉产区降雨多集中在 5—8 月，秋冬干旱，尤其坡地受干旱更为突出。因此，凡在 8—11 月，10d 不降雨的，应灌水一次，保持土壤湿润。在水源充足，灌溉方便的蕉园可用沟灌，将水排入灌沟中，浸水至根下，日排夜灌。

2. 排水

香蕉忌积水或地下水位过高。排水不良，积水或地下水位过高，会使土壤空隙长时间地充满水分。限制土壤和地面空气交换，造成涝害，引起烂根。华南地区雨量集中，5—8 月常有大雨或大暴雨。因此，在雨季来临前应结合培土修好排水沟，防止畦面积水。

四、植株管理

（一）校蕾、断蕾和除残留萼片

香蕉在抽出花蕾时正好被叶柄托着，不能下垂，可人工将花蕾移侧，使其能下垂生长，称为校蕾。校蕾有利于花蕾下垂，防止果穗畸形或花轴折断。当花蕾开至中性花或者雄性花后，用刀将它除去，称为断蕾。断蕾的目的是减少养分消耗，提高产量。结合断蕾，一般每株只留 8~10 梳，多的疏除。断蕾的方法是在离最后一梳果 8~10cm 处将花蕾割掉。断蕾宜在晴天下午进行，使伤口愈合快，减少伤流液。不宜在雨天或者早晨雾水大时断蕾。当果梳的果指展开、蕉花有约 2/3 变黑时用手清除果指顶上残花萼片。

（二）防风和防晒

香蕉容易受台风吹倒，尤其结果后，重心上移，受害更重。沿海地区，在台风来临前的 6 月，在假茎旁边立一支柱（木或竹）把果轴和把头固定，提高抗风能力。也可在四周的边株各打一木桩，园内各植株用尼龙线绑成棋盘式相互拉紧，最后把绳固定在木桩上，防风性能较好。亦可在植株抽蕾后用尼龙线绑缚果轴后反方向牵引绑在邻近蕉株假茎离地面约 20cm 处，全园植株互相牵引，防止植株倒伏。

果轴在7—9月容易受烈日暴晒而灼伤，阻碍养分运输，影响产量。在7—9月，可把果穗梗上的叶片拉下来，包盖果轴，也可用枯叶包盖。

（三）果穗套袋

套袋能有效地减少病虫害、农药污染和机械伤，果实色泽好，品质优。一般在断蕾约10d后进行，果袋选用厚度0.02~0.03mm打孔的浅蓝色PE薄膜香蕉专用袋。套袋时，先将顶叶覆盖于果轴、果穗上再套袋，将果袋上口扎于果轴上，果袋要与果梳有1cm以上的距离。套袋时标记日期，利于采收时确定成熟度。

（四）促进果实膨大

促进香蕉果实膨大除了保证充足肥水外，生产上可使用一些生长调节剂。在蕉穗断蕾时和断蕾后10d各喷一次广东生产的"香蕉丰满剂"，对促进蕉指增长和长粗，提高产量和果指大小有良好的效应。使用1~3mg/L浓度的防落素在开花期喷花对促进香蕉果指粗大和提高品质也有效果。

（五）防寒与受冻后的挽救措施

1. 防寒

香蕉喜温忌寒，10℃以下即不同程度受害。因此，在11月下旬即应采取防寒措施：①秋植幼苗，每一植株用塑料薄膜袋套住，下部用泥压紧，也可先将叶片绑住，再用稻草盖顶；②对越冬幼果，先用稻草包扎果轴上端，然后用双层薄膜袋套住果穗，袋上部紧系果轴，下部打开垂下，以排积水，如果连续低温阴雨，最好束紧袋的下开口，晴天即打开，套袋宜用浅蓝色，果实外观好，商品率高；③灌水护根，灌水可提高土温，对防霜有一定效果。

2. 冻后的补救措施

①受冻害的叶片会腐烂并会逐渐向下蔓延，春暖后及时割除被冻害的叶片，尤其是未张开的叶片，防止蔓延；②花蕾、幼果、假茎受冻害严重，应及时砍掉母株，加速吸芽生长，加强肥水管理，仍可获得一定产量；③提早中耕松土，及时施肥管理。尤其施速效氮肥如碳铵等，对促进植株生长有显著的作用。

（六）吸芽的选留与刈除

1. 新植蕉留芽法（春植）

在2月底栽植的香蕉，经3个月生长后（即5—6月），定植的吸芽即形成新球茎。母株1m左右高时，开始发生吸芽。第一批吸芽可有1~3个，这类吸芽很快生成小圆阔叶片，以后生长慢，同时留吸芽过早，则会影响母株的生长，推迟抽蕾。因此，这批吸芽不宜留作接替母株。待8月初后长出的第二批吸芽，生长迅速，对母株依赖不大，从中选择一个生长粗壮的吸芽做后备母株，其余挖掉，这个芽在肥水充足的情况下，第二年7—8月抽蕾，10—11月收获，保证年年收正造蕉。

2. 宿根单造蕉留芽法（一年一造）

在土质、水肥条件较差，气温较低的地区，一般应掌握在10月间收获，这次果为"正造蕉"，广西大部和粤西一带宜以此法为主。要在10月收获，就必须使吸芽在越冬时有大叶6~8片，留芽的具体时间一般是在6月上旬选留高33cm（即1尺左右）的吸芽，这个芽一般是在5月中旬左右已露出地面，留芽时还应考虑留芽位置，要保证下一年合理的株行距。

3. 宿根多造蕉留芽法

多造蕉是指二年三造或三年五造。该方法适宜在终年无霜、温度较高、光照充足、肥水条件好、栽培技术高的地区使用。主要根据母株生长情况决定留芽时期和次数，母株在7月以前收获的，则当年可选留二次芽，第二年收获2次。如母株在7月以后才收获的，则该年只留一次芽，第二年只收获一次。具体的留芽方法：在收获一造蕉的当年留二次芽，第一次留芽应在2—3月，第二次留芽在8—9月，这样第二年4—6月收获一造，10—12月收获第二造。值得注意的是，第一次留芽与第二次应间隔6个月，使第二次芽留芽时，第一次芽已有23~24片叶，其营养生长阶段已完成，不受新留株的影响，收双造蕉的当年（即种植第二年）留芽在5—6月，下一年（即种植第三年）赶上收正造蕉。重复上述留芽法，即可收获二年三造或三年五造。

4. 除芽

每年所需的吸芽留足后，对多余的吸芽应及时除去，以免影响母株的生长和结果。母株留的吸芽多，养分消耗大，会造成产量低。吸芽的抽生，多在3—7月，8月以后吸芽抽生明显减少，因此在3—7月，每隔15d左右除芽1次，8月以后每月除芽一次。除芽时可用蕉铲从母株与吸芽连接处切离吸芽，但此法伤根太多。也可用蕉铲齐地面把吸芽铲除，然后挖掉生长点，以防再生。

五、果实采收

采收时2人为1组，一人先用利刀在假茎的中上部砍切一刀，使植株缓慢倾斜，另一人用软物托住缓慢倒下的果穗，持刀人再将果轴割下，果轴长度要留15~20cm，两人合作将果穗保护性转移，放置果穗时，要垫棉毡、海绵等软物，避免果实间相互挤伤、擦伤和碰撞。有条件的大型蕉园可采用索道悬挂式无着地采收方式，即将砍断果穗缚吊在铁索上，从索道引至加工包装场地，从采收到包装，果穗不着地，机械损伤少，果实外观品质好。

第二节　香蕉主要病害防治

一、香蕉枯萎病

【主要症状】

香蕉枯萎病俗称黄叶病、巴拿马枯萎病，是一种真菌侵染香蕉植株维管束所引致的传染病害。香蕉感染此病，很快蔓延，是香蕉的一种毁灭性病害。其主要特征是病株凋萎和维管束变色腐烂。成株期病株先在下部叶片及靠外的叶鞘呈现特异的黄色，初期在叶片边缘发生，然后逐步向中肋扩展，与叶片的深绿部分显著对比，也有整片叶子发黄，感病叶片迅速凋萎，由黄变褐而干枯，其最后一片顶叶往往迟抽出或不能抽出，最后病株枯死。个别虽然不是即刻枯死，但果实发育不良，品质低劣。香蕉枯萎病主要靠带病的吸芽和病土从病区传染到无病区，田间主要借被污染的流水、土壤和农具传播蔓延。病株枯死后，病菌随病残物混入土壤中存活。

【发生规律】

病菌从根部侵入导管，产生毒素，使维管束坏死。全株枯死后，病菌在土壤中营腐生生活几年甚至 20 年。蕉苗、土壤、流水、农具均可带病菌传播。该病有明显的发病中心，一般雨季（5—6 月）感病，10—11 月达到高峰期。排水不良及伤根会加重该病的发生。20 世纪 50 年代我国南方引种粉蕉时发现有此病，现是粉蕉、龙牙蕉主要病害。

【防治方法】

（1）严格执行检疫制度。

（2）种植无病健壮组培苗，或不带病的吸芽。

（3）发病率高于 20%，多点发生时应改种水稻等，也可改种抗病品种。应用荣宝氰氨（石灰氮）60kg，淋透水后覆盖地膜，消毒 15d 后定植。

（4）发现零星病株时，可选用下列药剂淋灌根部：90%噁霉灵可湿性粉剂 1 000~2 000 倍液、23%络氨铜水剂 600 倍液、20%龙克菌（噻菌铜）悬浮剂 500~600 倍液；每隔 5~7d 淋1 次，连续淋 2~3 次。

二、香蕉炭疽病

【主要症状】

香蕉炭疽病主要为害成熟或近成熟的果实，尤以贮藏果受害最烈。一般果实黄熟时果皮出现褐色绿豆大病斑，俗称梅花点，后扩大并连合成近圆形或不规则深褐色稍下陷的大斑或斑块，其上密生黑褐色小点，潮湿时出现黏质朱红色小点。叶片受害，病斑长椭圆形，生长后期小黑点布满叶片。

【发生规律】

病菌菌丝体和分生孢子在病部越冬。翌年分生孢子借风或昆虫传播。条件适合时分生孢子萌发芽管侵入果皮内，并发展为菌丝体。高温多雨季节发病严重。病果的病斑上长出大量的分生孢子辗转传播，不断进行重复侵染。贮藏期间，温度 25~32℃时发病最为严重。

【防治方法】

（1）选用高产优质抗病品种。

（2）及时清除和烧毁病花、病轴、病果，并在结果初期套袋，可减少病害发生。

（3）香蕉断蕾后开始喷药，每隔 10~15d 喷 1 次，连喷 2~3次。药剂可选用 50%咪鲜胺锰盐可湿性粉剂 1 000~1 500 倍液、80%代森锰锌可湿性粉剂 800~1 000 倍液、50%多菌灵可湿性粉剂 500~800 倍液。果实采收后用 45%特克多悬浮剂 500~1 000

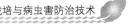

倍液浸果 1~2min，可减少贮运期间烂果。

三、香蕉黑星病

【主要症状】

主要为害叶片和青果。叶片发病时，叶面及中脉上散生或群生许多小黑粒，后期小黑粒周围呈淡黄色，然后叶片变黄而凋萎。青果发病时，初期在果指弯腹部分，严重时全果果面出现许多小黑粒，随后许多小黑粒聚集成堆，使果面粗糙。果实成熟时，在每堆小黑粒周围形成椭圆形或圆形的褐色小斑，不久病斑呈暗褐色或黑色，周围呈淡褐色，中部组织腐烂下陷，其上的小黑粒凸起。

【发生规律】

病菌的菌丝体和分生孢子在病部和病残体越冬。翌年分生孢子借雨水溅射传播到叶片和果实上，侵入为害，产生分生孢子继续传播，进行再侵染。高温多雨季节发病严重，密植、高肥、荫蔽、积水的蕉园发病严重。香蕉高度感病，粉蕉次之，大蕉抗病。

【防治方法】

（1）经常清除病叶残株，增施钾肥与有机肥，避免多施氮肥，雨季及时排除积水，预防病害发生。

（2）发病初期，套袋前后喷杀菌剂杀菌。药剂可选用 75% 百菌清可湿性粉剂 800~1 000 倍液、70% 甲基硫菌灵可湿性粉剂 800~1 000 倍液、25% 腈菌唑乳油 2 500~3 000 倍液等。

（3）果实套袋，减少病菌感染。

四、香蕉冠腐病

【主要症状】

香蕉冠腐病是采后的重要病害，首先蕉梳切口出现白色棉絮状霉层并开始腐烂，继而向果扩展，病部前缘水渍状，暗褐色，蕉指散落。后期果身发病，果皮爆裂，其上生长白色棉絮状菌丝体。果僵硬，不易催熟转黄，食用价值低。

【发生规律】

病原从伤口侵入，采收时去轴分梳以及包装运输时造成的伤口，在高温高湿情况下极易发病。

【防治方法】

（1）尽量减少采收、脱梳、包装、运输各个环节的机械伤。

（2）采后包装前要及时进行药物处理。药剂可选用 50%多菌灵 600~1 000 倍液（加高脂膜 200 倍液兼防炭疽病）、50%咪鲜胺锰盐可湿性粉剂 1 000~2 000 倍液、50%双胍辛胺可湿性粉剂 1 000~1 500 倍液等。或浸果 1min 捞起晾干然后进行包装、贮运，减少病害发生。

五、香蕉束顶病

【主要症状】

香蕉束顶病是毁灭性病害，病原物为香蕉束顶病毒，该病侵染源，在老蕉区来自病株及吸芽，新植区初侵染源来自带毒种苗，近距离传播靠香蕉交脉蚜。目前田间发病株率一般 5%~10%，部分发病严重蕉园达 20%~40%，感病植株矮缩，不开花结果，在现蕾期感病则果少而小，没有商品价值。该病主要症状是植株矮化，新生叶片比一叶窄、短、直、硬，病叶质脆成束状，叶脉渐回升，每年 1—2 月达高峰，4—5 月为香蕉束顶病发生高峰期，该病的潜育期 1~3 个月。现有香蕉品种中还未见有抗病品种。

【防治方法】

加强香蕉种苗及组培苗的检疫，设置无病苗圃，重病区全部改种无病组培苗，零星发病蕉园要及时挖除病株销毁，开穴暴晒半月后再补种无病种苗，及时喷药杀灭交脉蚜。

六、香蕉叶斑病

【主要症状】

香蕉叶斑病发病期 5—10 月，病菌由土壤传染或风雨传播，蔓延猖獗。蕉叶染病呈褐色长条斑、椭圆斑、绿枯斑，逐叶上爬枯萎衰败。染病香蕉慢抽蕾，果穗瘦，品质劣、抗寒力弱，严重减产减收。

【防治方法】

叶斑病发病规律是 4—5 月高湿高温，叶片幼嫩病菌潜入，9—10 月北风吹来病斑一起显现出来。蕉农误认在 8—9 月才发病，此时，喷药治叶斑已经来不及了，应当提前在 5 月正是茎叶旺盛无病斑时期喷药防治。喷药方法：先喷洒蕉头周围表土，再自下而上喷洒假茎及心叶以下蕉叶正面、背面。特别是暴雨过后即时喷药防治。可选用硫黄悬浮剂、代森锰锌、苯醚甲环唑、多菌灵等。

第三节　香蕉主要虫害防治

一、香蕉交脉蚜

【为害特点】

刺吸为害香蕉使植株生势受影响，更严重的是因吸食病株汁液后传播香蕉束顶病和花叶心腐病，对香蕉生产有很大危害性。

【防治方法】

发现病株要及时喷药消灭带毒蚜虫，并挖除病株，防止再度传播病毒。有效药剂可采用 10%吡虫啉 1 000 倍液。

二、香蕉网蝽

【为害特点】

网蝽集中为害，吸食叶片汁液，造成叶片上有大量灰褐色斑，叶片生长缓慢。

【防治方法】

（1）及早清除严重受害叶，并集中烧毁或深埋。

（2）在幼虫盛孵期可选用10%高效氯氰菊酯3 000倍液、60%敌百虫晶体600倍液，喷施2~3次。

（3）喷洒10%吡虫啉可湿性粉剂1 000~2 000倍液、50%抗蚜威可湿性粉剂1 000~1 200倍液。

三、香蕉象甲

【为害特点】

香蕉象甲以幼虫钻蛀香蕉叶鞘、假茎或球茎内取食为害，造成蛀孔流胶，叶片发黄，植株枯萎，逐步死亡。

【防治方法】

（1）收蕉后及时翻耕晒地，破坏地下卵块。

（2）幼虫钻蛀后使用15%毒死蜱颗粒剂按1∶30拌细沙，搅拌均匀后，撒施在香蕉的叶腋部位。

（3）使用48%毒死蜱1 000倍液，均匀喷施在树干部位。

第二章 杧果栽培与病虫害防治技术

第一节 杧果栽培技术

一、育苗繁殖

杧果繁殖方法有实生、压条、扦插和嫁接 4 种。过去多用实生繁殖，由于实生个体间变异大，目前多用嫁接苗种植。

（一）实生繁殖

砧木多用生长快、抗性强、种子饱满、单胚或多胚的杧果种子作播种材料。单胚的种子生长快。

播种方法多用催芽直播法，也有用在苗床育苗后移栽的，或营养杯育苗。

杧果核壳坚硬且厚，同时怕湿和怕干，带壳种子萌芽出苗率较低，一般只有 20% 左右。为了出苗整齐，通常去壳育苗。

1. 催芽播种法

去壳，尽量不伤及子叶。然后用 0.5%～1% 高锰酸钾处理后用沙催芽。待胚根长 3～5cm，没有展叶前种于苗圃地里（株行距 20cm×25cm）。

2. 催芽育苗移栽法

先在催芽苗床上铺一层厚 6～10cm 的干净河沙，然后把去壳已消毒的种子腹部朝下背朝上，种子间隔 3cm 左右，排列于沙床上，只铺一层，然后盖一层沙，厚度以盖过种子 3cm 左右为宜，经常保持沙床湿润，防止日光直接照射，经过 10~15d，待小苗展 2 叶，呈古铜色时移入大田苗圃，移栽时短截主根，促侧根生长。按苗木大小分级种植，以便生长整齐，便于管理，提高出圃率。

3. 营养杯育苗方法

配制营养杯土：用菜地肥土 100kg，加腐熟的猪粪或鸡粪 10kg，加复合肥 2kg 混合均匀即可；装营养杯，把已配制好的营养土装于营养杯中，以装满土为好；待催芽小苗展 2 叶，呈古铜色时移入营养杯里，移栽时短截主根，促侧根生长。

(二) 嫁接繁殖

在华南地区，除了 11 月至翌年 2 月嫁接成活率较低外，其他时间嫁接成活率都较高。高温季节，只要在上午或 16：00 时以后嫁接，不会影响嫁接成活率。嫁接高度与接后萌芽的快慢及嫁接苗生长有直接的关系，一般高部位嫁接比低部位嫁接生长量大。砧木不带叶片嫁接成活率较低，成活后苗木生长也缓慢。杧果嫁接多采用枝接、芽片贴接，以枝接生长量最大，出圃快。接穗以采用优良母树树冠外围、粗壮、无病虫害、芽眼饱满的老熟枝条作接穗为好，最好用顶芽，出苗快，成活率高。

二、苗木栽植

(一) 园地选择

杧果为阳性果树，喜温忌寒。因此，宜选择终年无霜，冷空气易出难进的南坡地段种植较为理想。

(二) 种植密度

考虑品种、土壤肥力、管理水平和立地环境等。一般肥水条件好的平地距离可大些，丘陵园地的距离可小些 (表 2-1)。

表 2-1 杧果种植密度

品种	平地		坡地	
	行间距/（m×m）	亩株数	行间距/（m×m）	亩株数
秋杧	3×3.5	63	3×3	74
紫花杧	3×4	55	3×3.5	63
象牙杧	3.5×4	47	3×4	55
金煌杧	3.5×4	47	3×4	55
红苹杧	3.5×4	47	3×4	55

（三）品种选择

选择品种时要考虑到市场竞争力、适应性、品种搭配等因素。在早春低温阴雨较多的地区，如广东、广西*、福建等以迟花晚熟的品种为主。为了有力提高坐果率，主栽品种与授粉品种的比例为 8∶2。

（四）栽植时期

影响种植成活的因素很多，从气候看主要是温度与水分，以春植为宜。立春后，霜冻已过，气温明显回升，雨水渐多，有利于成活。

（五）栽植方法

栽植时可用裸根苗或带土苗。种植前应做好挖坑、施肥及苗木准备工作。栽植坑宽 1m，平地坑深 60～70cm，山地 70～80cm。挖坑后，按每株 25～50kg 绿肥、25kg 农家肥、磷肥与石灰各 0.5kg 与表土混合回坑。栽植时埋土高度略高于根颈；修整外高内低直径 80～100cm 的树盘，盖草并淋足定根水。大树必须带土移栽，一般土团大小为主干直径的 5～8 倍，用稻草绳捆缚好；不带叶片，枝干用塑料薄膜包好。

---

* 广西壮族自治区，全书简称广西。

（六）栽后管理

栽后管理的首要任务是提高种植成活率，在种植1个月内，保持树盘土壤湿润，并及时检查，发现缺株及时补植。幼树耐寒能力较弱，冬季来临前及时做好防寒工作。

三、土壤改良

1. 土壤改良的目标

①改良后的土壤深厚一般应达1m以上；②改良后的土壤结构良好；③改良后的土壤肥力明显改善。

2. 土壤改良的方法

深翻施有机肥。在华南一般一年四季均可深翻，但时期要掌握好。在秋季，即采果后，根系停长前，宜早不宜迟，结合施肥进行，受伤根伤口愈合快。在春季，根系开始活动，伤根后易愈合，结合施肥，起促花、保果作用。在冬季，结合冬季清园进行，减少病虫害的越冬场所，宜及时盖土防冻根系。在夏季，一般在新梢停长后进行，结果多的树不宜深翻。深翻施有机肥的深度40~50cm。

栽植头两年可在行间间种豆科作物；树盘覆盖地膜或干草。

四、肥料管理

生产上主要是根据杧果当年生长结果状况结合果园肥力确定施肥量。

（一）幼龄树施肥

幼龄树是指从定植后到投产前的一段时期（1~3年）。这一时期的工作重心是促进新梢的生长，迅速扩大树冠，引根深生，培养良好的根系，为早结丰产优质打下良好的基础。

一般认为树冠直径1.5m以上，末级有效梢30~40条以上才能允许结果。因此，在种植时下足基肥的情况下，应从定植后植株恢复正常生长（经1.5~2个月）起，及时追施第一次肥。

杧果一年抽新梢4~7次，且根系不多，如何保证足够的养分，这就要求采用"一梢两肥"的原则，少量多次。幼龄杧果树喜湿怕干旱，因此，施肥时以水肥为主。

第一年以花生麸沤水淋较好，一般前3次以0.05kg花生麸淋2株，以后浓度逐渐增加；年用花生麸0.5kg、氯化钾0.15kg、过磷酸钙0.5kg，结合改土，每株施鸡粪10~15kg或有机生物肥5~7.5kg。第二年用尿素0.15~0.2kg、氯化钾0.2~0.25kg、过磷酸钙0.75kg、有机生物肥7.5~10kg。第三年用尿素0.5kg、氯化钾0.4kg、过磷酸钙1kg、有机生物肥10kg。

幼树抗寒能力弱，尤其未老熟冬梢极易受冻害，为了减轻寒害。注意止肥期，一般11—12月停止施氮肥，以免加重寒害。$N:P:K$为$1:(0.3~0.5):(0.8~0.9)$。

（二）结果树施肥

结果树的施肥与幼龄树不同。施肥有两大任务：①满足当年果实生产的需要；②培养数量多、质量优的结果母枝，为稳产打下基础。

据分析，紫花杧1 000kg鲜果含N 0.95~1.59kg，P_2O_5 0.25~0.57kg，K_2O 1.37~1.4kg。$N:P:K$为$1:(0.26~0.36):(1.37~1.4)$。

根据丰产园秋梢叶片分析：N 1.48%~1.98%，P 0.114%~0.149%，K 0.466%~0.635%，Ca 2.0%~3.5%，Mg 0.15%~0.40%。$N:P:K$为$1:0.4:1.2$。

根据上述两组数据，成年树生产1 000~2 000kg鲜果，每株施N 0.62~0.83kg、P_2O_5 0.25~0.4kg、K_2O 0.74~0.93kg。每亩施：N 18~25kg，P_2O_5 7.5~12kg，K_2O 20~30kg，Ca 10~12.5kg，Mg 4~6kg。

杧果结果树施肥通常根据物候期进行，一般采用"两头重，中间补"的施肥原则，年施 3 次肥，即壮花肥、壮果肥、攻梢肥。

1. 壮花肥

在花序抽生期追施（2—3 月的花前 15~20d）。主要是提高花质，减少落花落果，促进新梢生长。以氮肥为主，适当配施磷钾肥。壮花肥占全年施肥量的 30%。广西热带作物研究所的做法是，8 年生（下同）株施尿素 0.5kg，磷、钾肥各 0.4kg，或有机复合肥 7.5~10kg。

2. 壮果肥

6 月，果实发育期短，又是夏梢抽生期，养分不足，引起败育而落果。壮果肥占全年施肥量的 20%，施以钾为主的完全肥。株施尿素 0.25kg，钾肥 0.5kg，或用有机复合肥 5~7.5kg。

3. 攻梢肥

采果后施（8 月中下旬修剪后施），主要是恢复树势，攻秋梢。这次肥宜重施，以优质有机肥为主，配合速效无机肥。攻梢肥约占全年施肥量的 50%，每株施土杂肥 50kg、花生麸 2kg、尿素 0.5kg、过磷酸钙 1kg、氯化钾 0.25kg。攻梢肥沟施，挖 20~30cm 深的环状或半圆沟施，施后盖土。促花肥浅沟施，壮果肥淋施或施后覆土。壮果肥不宜过迟施，否则造成果实中亚硝酸铵含量过高，影响无公害果品的生产。

五、树体管理

（一）幼树整形

1. 自然圆头形

栽植当年定主干高 50~60cm，待主干上抽出的新梢长 10cm 左右时选留 3~4 条方向各异，上下间距 10cm 左右，分布均匀且健壮的新梢做主枝，使其分枝角保持在 45°~50°，多余的芽梢适当抹去或摘心留作辅养枝。待主枝长 40~50cm，摘心促第二次分

枝，这次留 2~3 条新梢，其余抹除。这一级分枝以下枝为副枝，
上枝为主枝（目的是适当提高冠层），用其延长生长，当延长枝
长 20~30cm 后，再摘心促分枝，留 2~3 条，这级分枝则以下枝
为主枝，上枝为副枝。主副枝交替运用，反复如此就形成一圆头
形树冠。

2. 人工扇形

定干 50~60cm，留 3 个新梢生长，其余抹除，下部两梢与行
向呈 15°夹角，最上部的一个新梢用一杆固定，使之向上生长，
待枝长 120~150cm 后摘心促分枝，同样留 3 枝，中间一枝向上，
下部两枝与行向夹角 15°，使之成水平斜生。上下两层主枝分别
长 50cm 后短截促分枝，各留 2~3 条枝条，其余方法与上法同。

（二）修剪

1. 初果期的修剪

抹除末花期和幼果期抽生的早夏梢；抽穗少（不足
60%）的植株，适当疏除部分旺长的春梢，尤其花枝附近的嫩
梢，壮枝、旺枝上留一枝弱枝；采果后剪除徒长枝、竞争枝、影
响主枝生长的辅养枝等。

2. 结果盛期的修剪

修剪重叠枝、交叉枝、病虫枝、徒长枝、枯枝、弱枝；开天
窗，回缩（剪口粗度 1.5~2cm），待新梢长出后，弱树选留 2~3
条壮梢做结果母枝，强树留中等生长的枝条；剪除部分花序，一
般为全树的 10%~15%。

六、花果管理

（一）促花技术

1. 多效唑

华南地区 1 月下旬到 2 月上旬起连续叶面喷施 15% 多效唑
600~800mg/L 溶液 2~3 次，间隔 7~10d 喷 1 次，既能延迟花穗

抽生又能提高枝条花穗抽生率；11—12 月在每株树的树盘土壤施多效唑 30g，促进翌年开花结果，土壤施用 1 次药效 3 年。

2. 乙烯利

广州地区 11 月上旬开始喷施 250mg/L 乙烯利溶液，间隔 10~15d 喷 1 次，连续喷 3 次，能提高翌年枝条花穗抽生率。在 1—2 月初若果树还表现为叶色浓绿、芽眼瘦小、叶片开张角度小等无花芽分化迹象时，可再用乙烯利 1 000~1 500 倍液与多效唑 500~1 000 倍液混合后喷施叶面 2 次，间隔 15~20d，可促进花芽分化。广东徐闻县用以上方法对台农 1 号进行控梢促花试验，效果相当显著，处理的植株翌年开花率达 95%、坐果率达 80%。

3. 修剪措施

12 月上中旬对旺树进行环割、环状剥皮、弯枝或扭枝，也可促进花芽分化。

（二）改变花期

1. 防冬花

杧果在 11 月底至 12 月开花，坐果率低，果实品质差，商品率低，生产上尽量避免抽冬花。造成杧果抽生冬花的原因是严重秋旱、秋冬季温暖。预防措施：10 月中旬灌水；10 月上中旬开始，用 350~500mg/L 乙烯利每 20d 喷 1 次，连续喷 2~3 次，有一定作用；提倡放二次秋梢（最后一次 11 月上旬抽生）。

2. 摘除花序

利用杧果具有花序再生能力强的特点，摘除顶生花序可推迟花期 20~30d。摘除的时机因品种而异，一般当花序抽生 3~5cm 长时摘除。

（三）保果技术

1. 促进授粉受精

花期在行间堆放腐熟肥料招引苍蝇可增加传粉机会。另外，

还可进行人工授粉，用花粉（一般上午 8：00—10：00 时采集）+
0.1%硼砂+1.5%蔗糖于上午 7：00—10：00 时喷施花穗可促进
授粉受精。

2. 应用生长调节剂

在杧果开花期，每隔 15~20d 喷施 30~100mg/L 赤霉素或 5~
8mg/L 2,4-D 等，可提高坐果率。

3. 疏花疏果

疏花是在开花初期进行，摘除大花序中发育早的 2~3 个侧
花轴。疏果在果实长约 3cm 时进行，每一穗果保留生长最好的果
实 2~3 个，金煌芒等大果型品种每穗只留果 1 个。

4. 吊果与果实套袋

疏果后，用绳子把穗与穗间，果与果间拉开，避免碰伤果
皮。套袋的杧果果面光滑美观，机械伤和病虫害少，明显提高果
实的外观品质。套袋一般掌握在果实发育基本转色期。套袋过
早，影响着色，套袋过迟，果面着色较好，但不能有效改善外观
品质。

七、果实采收

杧果在贮运过程中易烂果，原因较多，如果成熟度不够、贮
藏时间长。鲜果销售的远近不同，采收成熟度不一。远销的鲜果
在果肩圆满、果蒂凹陷、果皮色泽变淡时采收；本地销售和加工
的果实在果肉转为黄色后采收。鲜果销售的果实采收时，保留果
柄 2~4cm 剪断，刚摘下的果实果柄朝下或平放 1~2h 再装箱，防
止果柄断口流出白色的乳汁污染果面引起果实腐烂，乳汁污染的
果面用 1%醋酸水擦洗干净。

第二节 杧果主要病害防治

一、杧果炭疽病

杧果炭疽病是杧果生长期及果实采后的主要病害之一，在世界杧果种植区普遍发生。在杧果生长期，可造成高于 10% 的损失；在贮运期，病果率一般为 30%~50%，严重时可达 100%。

【主要症状】

本病主要为害杧果树的嫩叶、嫩枝、花序和果实。嫩叶染病后最初产生黑褐色、圆形、多角形或不规则形小斑。小斑扩大或者多个小斑连合可形成大的枯死斑，枯死斑常开裂、穿孔。重病叶常皱缩、扭曲、畸形，最后干枯脱落。嫩枝病斑黑褐色，绕枝条扩展一周时，则病部以上的枝条枯死，其上丛生小黑粒。花朵或整个花序遭害，变黑凋萎。幼果极易感病，果上生小黑斑，覆盖全果后，皱缩凋落。幼果形成果核后受侵染，病斑为针头大小黑点，不扩展，直至果实成熟后迅速扩展，湿度大时生粉红色孢子团。近成熟果实被害后，上生黑色形状不一的病斑，中央略下陷，果面有时龟裂。病部果肉变硬，最终全果腐烂。病斑密生时常连合成大斑块。本病有明显潜伏侵染现象，田间似无病的果实，常在后熟期和贮运期表现症状，造成烂果。

【防治方法】

（1）选用抗病优良品种。相对而言，紫花芒、金煌、热农1号（南亚热带作物研究所选育品种）为高抗品种（系）；台农1号、粤西Ⅰ号、台牙、贵妃、Mallika、桂香、马切苏、海顿、仿红、小菲、LN4、陵水大杧、红杧6号（Zill）等为中抗品种（系）；爱文杧、乳杧、海豹、龙井大杧等为高感品种（系）；黄象牙为避病种，尚未发现免疫品种（系）。

（2）做好预测预报工作。病害流行主要决定于杧果感病期间的气候条件，与温度、湿度、雨日、雨量等因子相关，如遇温暖高湿、连续降雨，则病害迅速发展造成流行。据此，选定紧密相关的温度和降雨为预测因子，建立施药预测指标：在杧果抽花、结果和嫩叶期间，平均温度14℃以上，气象预报未来有连续3d以上的降雨，即应在雨前喷药。在高温高湿的杧果种植区，每逢嫩梢期、花期、幼果期应在发病前喷施保护性杀真菌剂，如波尔多液、百菌清等。

（3）农业防治。做好果园清洁及树体管理。及时清除地面的病残体，果实采后至开花前，结合修枝整形，彻底剪除带病虫枝叶、僵果，并集中烧毁，以降低果园菌源数量；剪除多余枝条及适当整形，使果园通风透气。果园修剪应尽量做到速战速决，使树体物候尽量保持一致，以便于集中施药，节约管理成本。

（4）药剂防治。重点做好梢期、花期及挂果期的病害防治工作。加强田间巡查，掌握好花蕾期、嫩芽期及花期、嫩梢期发病情况及时进行药剂防治。在花蕾期、花期及嫩芽期、嫩梢期，干旱季节每10~15d喷药1次，潮湿天气每7~10d喷药1次，连喷2~3次，必要时可增加次数。可供选择的药剂有25%咪鲜胺乳油1 500~2 000倍液、70%甲基硫菌灵可湿性粉剂700~1 000倍液、1%石灰等量式波尔多液、25%阿米西达悬浮剂600~1 000倍液等，可交替喷施，以防病菌产生抗药性。

（5）及时进行果实采后处理。果实的采后处理视需要而定。在干热杧果种植区（金沙江干热河谷地区），若果实表面光洁，无病虫斑，则果实采摘后可不经药剂处理直接进入冷库及冷链物流或直接销售。而在高温高湿杧果种植区，由于果实潜伏病菌较多，果实采摘后24h内应立即处理，首先剔除有病虫害及机械损伤的果实，用清水或漂白粉水洗果实表皮，再用25%咪鲜胺乳油1 500~2 000倍液热处理，即在52~55℃浸泡10min左右，浸泡时间应根据果实品种和成熟度而定。果实晾干后在常温下贮藏，有条件的可置于 13~15℃ 的冷库，延长贮藏期。果实采后也可用植物源植物保护剂进行处理。

二、杧果白粉病

杧果白粉病是杧果生产上的重要病害之一，在我国西南、华南杧果种植区普遍发生，每年因该病引起的产量损失率 5%~20%。

【主要症状】

杧果的花序、嫩叶、嫩梢和幼果均受感染，发病初期在寄主的幼嫩组织表面出现白粉状病斑，继续扩大或相互融合成大的斑块，表面布满白色粉状物（病菌的分生孢子为主）。受害嫩叶常扭曲畸形，病组织转成棕黑色，病部略隆起。花序受害后花朵停止开放，花梗不再伸长，后变黑、枯萎。后期病部生黑色小点闭囊壳。严重时引起大量落叶、落花，幼果在黄豆粒大时掉落。

【防治方法】

（1）农业措施。增施有机肥和磷钾肥，避免过量施用化学氮肥，控制平衡施肥。剪除树冠上的病虫枝、干腐枝、旧花梗、浓密枝叶，使树冠通风透光并保持果园清洁。花量过多的果园适度人工截短花穗、疏除病穗。

（2）药剂防治。本病以化学防治为主。特效药剂为硫黄粉，在抽蕾期、开花期和稔实期，使用 320 目硫黄粉，用喷粉机进行喷施，每亩剂量 0.5~1kg，每隔 15~20d 喷 1 次，在凌晨露水未干前使用，高温天气不宜喷撒，否则易引起药害；还可选用 50% 多·硫胶悬剂 200~400 倍液、60% 代森锰锌 400~600 倍液、70% 甲基硫菌灵可湿性粉剂 750~1 000 倍液、12.5% 烯唑醇可湿性粉剂 2 000 倍液、20% 三唑酮乳油 1 000~1 500 倍液、75% 百菌清可湿性粉剂 600 倍液，均匀喷雾。

三、杧果蒂腐病

杧果蒂腐病是杧果采后的主要病害，在世界主要杧果产区普遍发生，在我国华南地区，贮运期一般病果率为 10%～40%，重者可达 100%。

【**主要症状**】

多数杧果蒂腐病一般从蒂部始见症状，少数也从果蒂以外的部位发病。症状的表现往往因为病原不同而异，主要有以下几种。

（1）小穴壳属蒂腐病。该病在贮运期可引起蒂腐、皮斑和端腐 3 种类型病斑，蒂腐尤为常见。蒂腐型：发病初期果蒂周围出现水渍状褐色斑，然后向果身扩展，病健部交界模糊，病果迅速腐烂、流汁。皮斑型：病菌从果皮自然孔口侵入，在果皮出现圆形、下凹的浅褐色病斑，有时病斑轮纹状，湿度高时病斑上可见墨绿色的菌丝层，病果后期可见许多小黑点（分生孢子器）。端腐型：在果实端部出现腐烂，其他症状与皮斑型相同。该病还可为害枝条引起流胶病，杧果嫁接接口和修枝切口受该菌感染后可引起回枯。

（2）杧果球二孢霉蒂腐病。病果初时果蒂褐色、病健交界明显，然后病害向果身扩展迅速，病部由暗褐色逐渐变为深褐色至紫黑色、果肉组织软化流汁，3～5d 全果腐烂，后期病果出现黑色小点。该病还可为害枝条引起流胶病，侵染杧果嫁接苗接口和修枝切口可引起回枯。

（3）拟茎点霉蒂腐病。初时在果柄、果蒂周围组织出现浅褐色病变，病健部交界明显，病斑沿果身缓慢扩展，病部渐变褐色，果皮无菌丝体层，果肉组织和近核纤维中有大量白色的菌丝体，果肉组织崩解，后期病果皮出现分散表生的小黑点（分生孢子器），孢子角白色或淡黄色。该病还侵染嫁接苗接口而引起接

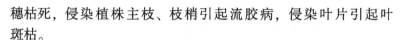

穗枯死，侵染植株主枝、枝梢引起流胶病，侵染叶片引起叶斑枯。

【防治方法】

由于杧果蒂腐病是在田间侵染、采后发病的主要病害，因此，在防治上必须采取果园防病与采后处理相结合的措施，方能取得较好的效果。

（1）流胶枝枯的防治。剪除病枝、病叶，集中烧毁。用刀挖除病部，涂上10%石灰等量式波尔多液保护。

（2）幼树回枯的防治。拔除死株，剪除病叶，集中烧毁，然后选用1%石灰等量式波尔多液、75%百菌清800倍液喷雾保护，每隔10d喷1次，连喷2~3次。

（3）蒂腐病防治。在果实采前选用1%石灰等量式波尔多液、75%百菌清可湿性粉剂500~600倍液喷雾。采后处理措施：①剪果，收果时第一次预留果柄长约5cm，到加工处理前进行第二次剪短，留果柄长约0.5cm，果实不能直接放于土表，以免病菌污染；②洗果，用2%~3%漂白粉水溶液或流水洗去果面杂质；③选果，剔除病、虫、伤、劣果；④药剂处理，采用29℃的50%咪鲜胺锰剂可湿性粉剂1 000倍液处理2min，或用52℃的45%噻菌灵胶悬剂500倍液处理6min；⑤分级包装，按级分别用白纸单果包装。

四、杧果疮痂病

【主要症状】

主要为害植株的嫩叶和幼果，引起幼嫩组织扭曲、畸形，严重时引起落叶和落果。在梢期嫩叶上，从叶背开始发病，病斑为暗褐色凸起小斑，圆形或近椭圆形，湿度较大时病斑上可见茸毛状菌丝体，病叶受影响组织生长不平衡，造成转绿后病叶扭曲、畸形，叶柄、中脉发病可发生纵裂，重病叶易脱落；感病幼果出现褐色或深褐色凸起小斑，果实生长中期感病后，病部果皮木栓化，呈褐色坏死斑。此外，感病果皮由于生长不平衡，常出现粗皮或果实畸形；在湿度大时，病斑上可见小黑点，即病菌的分生孢子盘。

【防治方法】

（1）严格检疫，新种果园不从病区引进苗木。

（2）搞好清园工作，冬季结合栽培要求进行修剪，彻底清除病叶、病枝梢，清扫残枝、落叶、落果集中烧毁，并加强肥水管理。

（3）药剂防治。在嫩梢及花穗期开始喷药，7~10d 喷 1 次，共喷 2~3 次；坐果后每隔 3~4 周喷 1 次。药剂可选用 1∶1∶160 波尔多液、25%咪鲜胺乳油 750~1 000 倍液、70%代森锰锌可湿性粉剂 500 倍液。

五、杜果细菌性角斑病

杜果细菌性角斑病广布于云南、广西、广东、海南和福建等地，流行年份常造成早期落叶，果面疤痕密布，降低产量和商业价值。贮运中接触传染易导致烂果。

【主要症状】

主要为害杜果叶片、枝条、花芽、花和果实。在叶片上，最初产生水渍状小点，逐步扩大变成黑褐色，扩大病斑的边缘常受叶脉限制呈多角形，有时多个病斑连合成较大的病斑，病斑表面稍隆起，周围常有黄晕，叶片中脉和叶柄也可受害而纵裂；在枝条上，病斑呈黑褐色溃疡状，病斑扩大并绕嫩枝一圈时，可致使枝梢枯死，在果实上，初时呈水渍状小点，后扩大成黑褐色，表面隆起，溃疡开裂。病部共同症状：病斑黑褐色，表面隆起，病斑周围常有黄晕，湿度大时病组织常有胶黏汁液流出。另外，在高感品种上还可以使花芽、叶芽枯死。此病为害而形成的伤口还可成为炭疽病菌、蒂腐病菌的侵入口，诱发贮藏期果实大量腐烂。

【防治方法】

（1）加强检疫。防止病原菌随带菌苗木、接穗和果实扩散。

（2）加强水肥管理，增强植株抗性及整齐放梢。清除落地病叶、病枝、病果并集中烧毁或深埋；果实采收后果园修剪时，将病枝叶剪除。结合疏花、疏果再清除病枝病叶和病穗，并集中烧毁；剪除浓密枝叶，花量过多的果园应适度人工截短花穗使树冠通风透光。

（3）营造防风林或杧果园建在林地之中，减少台风暴雨袭击，可减轻发病。

（4）定期喷药保梢、保果是防治该病的重要措施，特别是果树修剪后，要尽快用30%王铜胶悬剂800倍液或1%石灰等量式波尔多液喷1次，以封闭枝条上的伤口。枝梢叶片老熟之前同样用上述药剂，每半月喷1次。在发病高峰期前期或每次大风过后用1∶2∶100波尔多液，或72%农用链霉素4 000倍液，或77%氢氧化铜可湿性粉剂600~800倍液进行喷雾。其他药剂可选用30%王铜+70%甲基硫菌灵（1∶1）800倍液、3%中生菌素1 000倍液、20%噻菌铜700倍液、2%春雷霉素500倍液等，对该病均有较好的防治效果。

六、杧果畸形病

【主要症状】

分为枝叶畸形和花序畸形。幼苗容易出现枝叶畸形，病株失去顶端优势，节间异常，长出大量新芽，并且膨大畸形，节间变短，叶片变细而脆，最后干枯，这与束顶病症状相似。成年树感染该病后可继续生长，病部畸形芽干枯后会在下一生长季重新萌发。通常畸形营养枝的出现，会导致花序畸形，其花轴变密，簇生，初生轴和次生轴变短、变粗，严重时分不清分枝层次，更不能使花呈聚伞状排列，畸形花序呈拳头状，几乎不坐果。畸形花序的直径和主轴直径显著大于正常花序，但都比正常花序的短，畸形花序主轴直径和幅度增长快。畸形花序的两性花为 7.7%，显著少于正常花序的 29.9%，但雄花多于正常花序，畸形花序通常每朵花有 2~4 个子房，而正常花的两性花只有 1 个子房。畸形花序的花胚 92.73% 退化，正常花序花胚退化率为 12.5%。

【防治方法】

（1）严禁从病区引进苗木和接穗。一旦发现疑似病例，建议立即采取应对措施，全民动员统一行动，铲除并烧毁发病植株，防止病害扩散蔓延。

（2）剪除发病枝条，剪除的枝条至少含 3 次抽梢长度（0.4~1m），剪后随即在剪口用 25% 咪鲜胺乳油 1 500 倍液（在此特称"消毒液"）浸泡过的湿棉花团盖住。剪刀在剪下一条病枝前要彻底消毒（另一把剪刀事先可浸泡在消毒液里）。田间操作时可把棉花与 2~3 把剪刀同时浸泡于消毒液中，消毒液用一小塑料桶盛装，剪刀轮换使用、轮换浸泡，以便提高工作效率。剪下的枝条要集中烧毁。第一次剪除后，下一年度可能还会有部分抽出新芽发病，可按上述方法继续再剪。剪几次后发病率可逐年降低。

（3）在抽梢期与开花期（日均温度 13~20℃），结合修剪措施，每隔 15~20d 喷 1 次药剂，共喷 2~3 次，重点喷施嫩梢和花穗。该药剂为咪鲜胺和杀扑磷（或吡虫啉）的混合液，使用浓度参见产品说明书。

（4）铲除无人管理和房前屋后的发病杧果树。清理果园，清除枯枝杂草。

七、杧果丛枝病

【主要症状】

病原为植原体，原称为类菌原体，是一类尚不能人工培养的植物病原菌，为无细胞壁、仅由 3 层单位膜包围的原核生物，专性寄生于植物的韧皮部筛管系统。该病表现枝条丛生、花器变态、不坐果、叶片黄化，以及生长衰退和死亡等症状。该病原菌可能随种苗传入，并通过刺吸式昆虫为媒介传播。

【防治方法】

（1）把好病害检疫和苗木检疫关，不从感病果园引进种苗。

（2）拔除感病植株并烧毁。

（3）均衡施肥，增强树势，提高植株免疫力。

（4）统一修剪，控制整齐抽梢，并在抽梢期集中喷施杀虫剂吡虫啉、速扑杀等，以控制刺吸式昆虫如蓟马、蚜虫、叶蝉、蚧类等的为害，阻断病菌传播的昆虫媒介。

第三节　杧果主要虫害防治

一、横线尾夜蛾

【为害特点】

横线尾夜蛾又称钻心虫、蛀梢蛾，属鳞翅目夜蛾科。该虫在广东、广西 1 年发生 7~8 代，云南、四川 1 年发生 5~6 代，世代重叠。世代历期春夏季 35~50d，冬季约为 118d。于枯枝、树皮等处以预蛹或蛹越冬，翌年 1 月下旬至 3 月下旬陆续羽化。雌虫在叶片上产卵，多数散产，每雌产卵量为 54~435 粒。幼虫共 5 龄，低龄幼虫一般先为害嫩叶的叶柄和叶脉，少数直接为害花蕾和生长点；3 龄以后集中蛀害嫩梢和穗轴；幼虫老熟后从为害部位爬出，在枯枝、树皮或其他虫壳、天牛排粪孔等处化蛹，在枯烂木中化蛹的最多。成虫趋光性不强。

【发生规律】

幼虫蛀食嫩梢、花穗，引起枯萎，影响生长，削弱树势。全年各时期为害程度与温度和植株抽梢情况密切相关，平均气温20℃以上时为害较重。一般在4月中旬至5月中旬、5月下旬至6月上旬、8月上旬至9月上旬以及11月上中旬出现4次为害高峰。

【防治方法】

在卵期和幼虫低龄期进行防治，一般应在抽穗及抽梢时喷药。杧果新梢抽生2~5cm时，可选用40%杀扑磷、50%稻丰散、90%敌百虫、20%氰戊菊酯（速灭杀丁、杀灭菊酯）、2.5%高效氯氟氰菊酯、25%灭幼脲悬浮剂等喷雾处理，使用浓度参见产品说明书。

二、脊胸天牛

【为害特点】

脊胸天牛，属鞘翅目天牛科，分布于广东、广西、四川、云南、海南、福建等地。脊胸天牛的成虫体长33~36mm，宽5~9mm，体细长，栗色或栗褐色至黑色；腹面、足密生灰色至灰褐色绒毛；头部、前胸背板、小盾片被金黄色绒毛，鞘翅上生灰白色绒毛，密集处形成不规则毛斑及由金黄色绒毛组成的长条斑，排列成断续的5纵行。卵长1mm左右，长圆筒形。幼虫浅黄白色，体长55mm，圆筒形，黄白色，前缘有断续条纹。蛹长29mm，黄白色，扁平状。

【发生规律】

以幼虫蛀害枝条和树干，造成枝条干枯或折断，影响植株生长，严重时整株枯死，整个果园被摧毁。1年发生1代，主要以幼虫越冬，少量以蛹或成虫在蛀道内越冬。在海南，成虫在3—7月发生，4—6月进入羽化盛期；在云南，6—8月为成虫羽化盛期。交配后的雌虫产卵于嫩枝近端部的缝隙中或断裂处或老叶的叶腋、树丫处，每处1粒，每雌产卵数十粒。幼虫孵化后蛀入枝干，从上至下钻蛀，虫道中隔33cm左右咬1排粪孔，虫粪混有黏稠黑色液体，由排粪孔排出，是识别该虫的重要特征。11月可见少数幼虫化蛹或成虫羽化，但成虫不出孔，在枝中的虫道里过冬。

【防治方法】

（1）5—6月成虫盛发时进行人工捕捉，或利用成虫的趋光性安装黑光灯诱杀。

（2）6—7月幼虫孵化盛期或冬季越冬期，剪除有虫枝条，集中烧毁。

（3）幼虫期用铁丝捕刺或钩杀之。

（4）成虫羽化盛期，用石灰液涂刷树干2m以下范围，阻止成虫产卵。

（5）用50%或70%马拉硫磷乳油、48%毒死蜱乳油注入虫孔内，再用黄土把口封住，可毒杀幼虫。

三、橘小实蝇

【为害特点】

橘小实蝇又称柑橘小实蝇、东方果实蝇、针蜂、果蛆等，属双翅目实蝇科寡毛实蝇属，分布于广东、广西、福建、四川、湖南、台湾等地。幼虫在果内取食为害，常使果实未熟先黄且脱落，严重影响产量和质量。除杧果外，还能为害柑橘、番石榴、番荔枝、阳桃、枇杷等200余种果实。我国将其列为植物检疫对象。

【发生规律】

华南地区每年发生3～5代，无明显的越冬现象，田间世代

发生叠置。成虫羽化后需要经历较长时间的补充营养（夏季 10~
20d；秋季 25~30d；冬季 3~4 个月）才能交配产卵，卵产于将
近成熟的果皮内，每处 5~10 粒不等。每头雌虫产卵量 400~
1 000 粒。卵期夏秋季 1~2d，冬季 3~6d。幼虫孵出后即在果内
取食为害，使果肉腐烂，失去商品价值。幼虫期在夏秋季需 7~
12d；冬季 13~20d。老熟后弹跳入土化蛹，深度 3~7cm。蛹期夏
秋季 8~14d；冬季 15~20d。

【防治方法】

（1）严禁带虫果实、苗木调运。

（2）及时摘除被害果、收拾落果，用塑料袋包好浸泡于水
中 5d 以上。

（3）用特制的食物诱剂诱杀成虫。如用"盛唐"牌食物诱
剂可以同时诱杀橘小实蝇雄成虫和雌成虫，克服了甲基丁香酚只
能诱杀雄成虫的缺陷。结合及时捡果、清理果园等农艺措施，其
防效可达 90% 以上。

（4）树冠喷药。当田间诱虫量较大时，进行树冠喷药。常
用药剂有敌敌畏、马拉硫磷、辛硫磷、阿维菌素等。地面施药：
每亩用 5% 辛硫磷颗粒剂 0.5kg，拌沙 5kg 撒施，或 45% 马拉硫磷
乳油 500~600 倍液在土面泼浇，一般每隔 2 个月防治 1 次，以杀
灭脱果入土的幼虫和出土的成虫。

（5）在杧果谢花后的幼果期套上杧果专用果袋，以减少雌
成虫在果实上的产卵机会。

四、叶瘿蚊

【为害特点】

叶瘿蚊属双翅目瘿蚊科，国内分布于广西、广东等地，以幼
虫为害嫩叶、嫩梢，被害嫩叶先见白点后呈褐色斑，穿孔破裂，
叶片卷曲，严重时叶片枯萎脱落以致梢枯。

【发生规律】

在广东、广西 1 年发生 15 代。每年 4 月至 11 月上旬均有发生。11 月中旬后幼虫入土 3~5cm 处化蛹越冬。翌年 4 月上旬前后羽化出土，出土当晚开始交尾，次日上午雌虫将卵散产于嫩叶背面，成虫寿命 2~3d。幼虫咬破嫩叶表皮钻进叶内取食叶肉，受害处初呈浅黄色斑点，进而变为灰白色，最后变为黑褐色并穿孔，受害严重的叶片呈不规则网状破裂以至枯萎脱落，随后老龄幼虫入土化蛹。

【防治方法】

（1）清除果园杂草，清除枯枝落叶。

（2）统一修剪，确保新梢期集中，以便于集中防治。

（3）新梢嫩叶抽出时，树冠喷施 20%氰戊菊酯或 2.5%高效氯氟氰菊酯或 2.5%溴氰菊酯 2 000~3 000 倍液，7~10d 喷 1 次，1 个梢期 2~3 次。或按 4.5kg/亩地面土施 5%辛硫磷颗粒剂，或 40%甲基辛硫磷乳油 2 000~3 000 倍液对地面进行喷洒，才能彻底消灭。

五、蚧虫

【为害特点】

我国杧果蚧虫种类很多，达 5 科 45 种，其中比较常见的有椰圆盾蚧、杧果轮盾蚧、矢尖蚧、角蜡蚧、长尾粉蚧等。该虫为局部偶发性主要害虫，仅在少数果园造成为害，可为害树冠局部的枝梢、叶片和果实，吸食其组织的汁液，引起落叶、落果，严重时引起树体早衰。虫体固着在果皮造成虫斑，并分泌大量蜜露和蜡质，诱发烟煤病，影响果实外观。

【发生规律】

以椰圆盾蚧为例，若虫和雌成虫附着于叶背、枝条或果实表面刺吸组织中的汁液，被害叶片正面呈黄色不规则的斑纹。椰圆盾蚧在长江以南各地 1 年发生 2~3 代，均以受精雌成虫越冬，翌年 3 月中旬开始产卵，4—6 月以后盛发。雄成虫羽化后即与雌成虫交尾，交尾后很快死亡。每雌产卵约 15 粒。初孵若虫向新叶及果上爬动，后固定在叶背或果上为害。

【防治方法】

（1）加强修剪，加强树体管理，提高树冠及整个果园的通风透光度，秋剪时将受害重的枝梢整枝剪除，并集中烧毁。

（2）化学防治：若虫初发时，以 38% 吡虫·噻嗪酮悬浮剂 1 500~2 000 倍液、30% 吡虫·噻嗪酮水悬浮剂的 1 500 倍液等对树冠喷雾。

六、蚜虫

为害杧果的蚜虫有杧果蚜、橘二叉蚜等。

【为害特点】

杧果蚜虫以成虫、若虫均集中于嫩梢、嫩叶的背面，以及花穗及幼果柄上吸取汁液，引起卷叶、枯梢、落花落果，影响新梢伸长，严重时导致新梢枯死。蚜虫分泌蜜露，容易引起煤污病。

【防治方法】

（1）利用天敌防治蚜虫。蚜虫的天敌有瓢虫、食蚜蝇、草蛉、蜘蛛、步行甲等，施药时选用选择性较强的农药，减少杀伤天敌。

（2）药剂防治。蚜虫大量发生期可用 50% 抗蚜威可湿性粉剂 2 000~3 000 倍液，或 25% 高效氯氟氰菊酯 2 000~3 000 倍液叶面喷施，施药间隔 7~10d，施药次数为 2~3 次，注意药剂的轮换使用。

第三章 荔枝栽培与病虫害防治技术

第一节 荔枝栽培技术

一、育苗建园

（一）育苗

荔枝的繁殖，过去以空中压条（俗称圈枝）为主，近年嫁接育苗发展迅速。

1. 嫁接繁殖

（1）砧木苗的培育。荔枝不同砧穗组合的嫁接亲和力有差异，生产上要加以注意。生产上常选用淮枝、大造、黑叶、三月红等大核种子品种作砧木。

荔枝种子在自然贮存下，经 4～5d 便丧失发芽率，种子应随采随播。若需贮藏，应将种子洗净，表面晾干后用百菌清、硫菌灵处理，装入塑料袋中，扎紧袋口室温贮藏，注意及时抹干水滴，挑出烂、病种子，经 4 个月以上仍有相当高的发芽率。一般夏季播种，播后覆土或盖上充分腐熟的土杂肥 1.5～2cm，以后注意淋水保湿。幼苗出土后搭棚遮阴，防止烈日高温灼伤嫩苗。第一片真叶转绿时，施入稀薄水肥，及时喷药灭虫保梢。第二年3—4 月按大小分级移栽，剪除过长主根，按株行距 15～20cm，每公顷栽植 16.5 万～18 万株。移栽后的第一次新梢老熟后开始施肥，以后每次新梢老熟时都施肥 1 次，当砧木苗长至 30cm 高时摘心，并将苗木主干 20cm 以下的侧芽抹除，培养直立、光滑、健壮的苗木，当苗干粗达 0.8cm 以上时便可嫁接。

（2）嫁接。应从品种纯正、丰产优质的结果树上选择芽眼饱满、皮身嫩滑、粗度与砧木相近，顶梢老熟，未萌芽或刚萌发的 1~2 年生枝条作接穗。接穗不耐贮藏，若需短期保存，可用湿细沙、苔藓等埋藏，上盖薄膜保湿。嫁接时间一般以 2—4 月及 9—10 月为主。嫁接方法有芽接和枝接，枝接以合接、切接为普遍。嫁接后 30~40d 检查，未成活的及时补接，抹除砧芽。第二次新梢老熟后，从侧边切割薄膜带解缚。接穗萌发第一次新梢老熟后可施肥，以后每次梢期施肥 1~2 次。旱时淋水，及时灭虫。嫁接苗高 40~50cm，砧、穗亲和。具 3~4 条分枝，末级枝老熟、叶片浓绿，便可出圃。

荔枝因枝条富含单宁，淀粉量低，维管束构造不规则，嫁接一般较难成活。为提高嫁接成活率，除应掌握一般嫁接技术外，特别要注意以下 5 点：①接穗要选自健壮的母树和生长良好、营养充足、芽眼饱满而未萌动（或刚萌动）的枝条，预先对枝条环割环剥，促进淀粉等养分积累然后再取作接穗，有利于提高成活率；②砧木要选生长良好、健壮、茎粗 1cm 左右的实生苗，并在嫁接前施肥、淋水，促进根系生长，吸收活跃，有利于愈合组织产生，砧木在嫁接部位以下留 2~3 片叶子，以便嫁接后合成有机营养，有利水分和养分的供应，对提高嫁接成活率和促进嫁接苗生长有明显作用；③嫁接环境条件要适宜，荔枝在 20~30℃下产生愈伤组织，温度过高过低均不利于嫁接愈合成活，因此，一般在 3—4 月及 9—10 月嫁接最好，在夏季嫁接要进行遮阴；④嫁接操作要快，操刀平稳，切面适长；⑤用有色薄膜包扎，松紧度适宜。

2. 压条（圈枝）繁殖

荔枝高压育苗，一年四季都可进行，以2—5月为多。选择丰产、稳产、生长势壮旺的20~30年生壮树，2~3年生、径粗1.5~3cm、生长健壮的枝条，相距约3cm，环割两刀，深达木质部，将两割口间的皮层剥除，15~20d后，包上生根基质，外用塑料膜保护。为促进生根，可在上割口及其附近涂上0.5%吲哚丁酸或0.05%~0.1%萘乙酸。经80~100d后，生根2~3次，末次根老熟后，锯离母树假植或定植。

（二）建园

1. 园地选择及规划

大面积荔枝园主要建立在山地丘陵和平地，山地丘陵宜在15°~20°的斜坡地建园，重点要做好水土保持。平地建园对地下水位较高的围田或沿海地区，必须重视排灌系统的修建、降低地下水位。起墩种植，设置防风林。品种规划要根据其特性和环境条件而定。由于荔枝雌雄花期不遇，栽种荔枝时必须规划种植授粉树。授粉品种通常以配置10%~20%为宜。如以黑叶为主栽品种，可配种大造、三月红、桂味等。

栽植密度根据不同的种植方式而定：①永久性定植，一般株行距6~7m，每公顷植240株，早期可利用空地间种中、短期经济作物，达到以短养长；②计划密植，开始栽植密度为4m×4m，每公顷植630株，以取得早期经济效益，当枝条交叉、影响永久树生长结果时即回缩或间疏。

2. 种植

有春植和秋植，春植2—5月，春梢萌发前或老熟后；秋植在9—10月，秋梢老熟后进行。荔枝种植要挖大坑，施足基肥。定植坑深0.8~1m，长、宽各1m，每坑施入绿肥50kg、腐熟的土杂肥100kg、优质猪粪15~25kg、石灰0.5kg、过磷酸钙0.5~1kg。挖穴时分层埋入绿肥、垃圾等有机物，然后整成高于地面约20cm，宽约1m的土墩；地下水位较高的园地，宜土墩种植、填土下沉后保持墩高约30cm。种植时小心填土，忌大力踩踏根部，植后淋足定根水，树盘盖草保墒，风力较大地区需立支柱，以后适当淋水防旱。30d后检查成活情况并及时补种。

二、幼年树的管理

荔枝幼年树是指从定植后到生长结果的早期阶段，历期为3~4年，幼年树的管理应在提高成活率的基础上，增加根量，扩大根条生长范围并增加绿叶层，培养生长健壮、分布均匀的骨干枝，扩大树冠，为早结丰产奠定基础。

1. 施肥

以勤施薄施为原则。土壤施肥在定植后1个月即可开始，2~3年内以增加根量、促梢、壮梢为主。宜掌握"一梢二肥"或"一梢三肥"，即枝梢顶芽萌动时施入以氮为主的速效肥，促使新梢正常生长。当新梢伸长基本停止、叶色由红转绿时，施第二次肥，促使枝梢迅速转绿、提高光合效能、增粗枝条、增厚叶片。也有在新梢转绿后施第三次肥，加速新梢老熟、缩短梢期，利于多次萌发新梢。施肥量视土壤性质、幼树大小而定，定植后树小根少，每株每次施复合肥25~30g、尿素20~25g、氯化钾15~20g、过磷酸钙50~75g，单独施或混合施，混施时分量酌情减少。第二年起施肥量相应提高，比上年增40%~60%。此外，根据树体生长情况，枝梢生长迅速期酌情喷叶面肥，常用的有0.3%~0.5%尿素、0.3%~0.5%磷酸二氢钾、0.3%~0.5%硫酸镁、0.02%~0.05%硼砂、0.05%~0.1%硼酸、0.1%~0.6%硫酸锌以及1%~3%过磷酸钙浸出液。

2. 灌水、排水

幼年荔枝根少且浅，受表层土壤水分的影响较大。一年生荔枝幼树常发生"回枯"现象，尤以定植后已萌发一两次新梢又放松了水分管理的高压苗，"回枯"更为严重。故旱天应注意淋水保湿，雨天防止树盘积水，下沉植株宜适当抬高植位，以利正常生长。

3. 松土、改土

荔枝菌根好气，土壤疏松通气才能促进根系生长，壮大根群。幼龄果园的耕作，多数结合间作进行，一年松土除草六七次。从第二年起，丘陵山地荔枝园宜进行深翻，结合施入有机质肥扩穴改土。水位较高荔枝园，应注重客土培土，加厚土层。

4. 间种和地面覆盖

幼龄和青年荔枝园，应充分利用行间空地间种、套种。土壤覆盖可夏降土温、冬能保暖、防旱保湿、减少杂草生长、增加土壤有机质。覆盖方法可种绿肥和生草，旱季收割后盖于土面，或埋于根际土层。通常用田间杂草、作物茎秆等盖于树盘，上培薄土。

5. 防寒护树

冬季如气温降至 -2℃以下，将受冻害。尤其幼树发梢次数多、停止生长晚、寒冷来临之前枝叶未充分老熟，抗寒力低。要及早促使末次梢充分老熟，防止 11 月以后萌发冬梢；幼树树冠顶部可用稻草遮盖防霜冻；荔枝园堆积草皮树叶，根据预测，霜冻来临前熏烟防霜；如用绿肥、作物枝叶覆盖于根系生长范围的土面，其上再盖薄泥，可护根防寒。

三、结果树的土肥水管理

1. 营养与施肥

近年我国对荔枝矿质营养的研究增多，并在生产上逐步实施科学用肥。据广东、广西、福建等主产区分析，荔枝老熟秋梢叶片干物质含 N 1.42%～2.03%、P 0.15%～0.38%、K 0.78%～

1.05%，其比例为 1∶（0.08 ~ 0.18）∶（0.51 ~ 0.57）；花干物质三要素含量分别为 N 1.8% ~ 2.5%、P 0.3% ~ 0.7%、K 1.2% ~ 1.7%，其比例为 1∶0.27∶0.72；果实不同发育阶段营养水平不同，幼果期需 N 量较多，果实发育后期则需 K 量明显增加。一般每 100kg 鲜果所含纯量的 N 0.14 ~ 0.16kg、P 0.03kg、K 0.13 ~ 0.15kg。根据对矿质营养的分析和各主产区荔枝丰产园的施肥经验，近年我国总结出"以产定肥"的施肥量，如广东 30 年生植株每产 100kg 鲜果，全年施肥量为 N 1.38kg、P_2O_5 0.8kg、K_2O 1.5kg；广西 15 ~ 20 年生植株每产 100kg 鲜果，全年施肥量为 N 1.6 ~ 1.9kg、P_2O_5 0.8 ~ 1.0kg、K_2O 1.8 ~ 2.0kg。以上施肥量与果实分析结果比较可知，实际施肥量均等于果实带走的矿质营养量的 4 倍，上述数字可供施肥参考。

荔枝全年施肥主要分为 3 个时期：

（1）花前期。原则掌握早熟种"小寒"至"大寒"施，中迟熟种"大寒"至"雨水"施。旺树、青年树迟施或不施；弱树、老年树早施。幼龄结果树、壮旺树（10 年生以下）不见花蕾暂不施。施肥量按 100kg 结果量计算，可株施尿素 0.7kg、过磷酸钙 0.7kg、氯化钾 0.5kg。此期氮、磷、钾配合，氮、钾占全年施用量的 20% ~ 25%，磷占 25% ~ 30%。

（2）壮果肥。一般在谢花后至第一次生理落果期（绿豆大）施用，花量大，宜早施；花量少，宜迟施，树体壮旺者可不施。施肥量仍按 100kg 结果量计算，可株施尿素 1kg、过磷酸钙 0.5kg、氯化钾 1.4kg。此次以钾为主，氮磷配合，钾占全年施肥量 40% ~ 50%，氮、磷占 30% ~ 40%。

（3）采果前后肥。恢复树势、促发秋梢、培养壮健结果母枝、奠定第二年丰产基础。青壮年树为促两次秋梢，以及弱树、结果多的树，应在采果前及时施用；靠一次秋梢结果者可以适当推迟施肥期，以免抽生早秋梢后又抽冬梢。每株可施入粪尿 100 ~

150kg，或复合肥 1.5～3.5kg，或尿素 0.5～2.5kg、过磷酸钙 5kg、氯化钾 0.5kg。此期以氮为主，磷、钾配合，氮施用量占全年施肥量 45%～55%，磷、钾占 30%～40%。荔枝以土壤施肥为主，并根据各物候期的实际需要，辅以叶面喷肥。如用 0.3%～0.4%尿素、0.3%～0.4%磷酸二氢钾、0.03%～0.05%复合型核苷酸、0.05%～0.1%硼酸、0.02%～0.05%硼砂、0.3%～0.5%硫酸镁。

2. 中耕和松土

（1）中耕除草。每年中耕除草 2～3 次。第一次在采果前或采果后结合施肥进行，可促发新梢、加速树势恢复，宜浅耕 10～15cm。第二次在秋梢老熟后进行，深 15～20cm，以切断部分吸收根、减少根群吸水能力、利于抑制冬梢萌发。第三次在开花前约 1 个月进行，宜浅，深约 10cm。可疏松土层、促进根系的生长和吸收。

（2）培土客土。在秋、冬季结合清园进行。于树冠下土面培泥，厚 6～10cm。围田地区用河泥铺于畦面，厚 3～4cm，湿泥切忌堆积过厚，以防生根土层积水缺氧伤根。

（3）深翻改土。于树冠外围土层挖沟，深 50～70cm，分层压入杂草、绿肥，以改善土壤理化性状，促进根群生长。

3. 灌水和排水

水分管理原则上应按关键物候期掌握以下几点：花芽分化前期土壤要较干燥，后期适量供水，以利于花芽的分化和发育；开花期宜少雨多晴，久旱应灌水；果实发育期应保证水分供应，成熟期注意排除果园积水；秋梢萌发期遇旱要灌水促梢壮梢。

四、结果树的树冠管理

（一）培养健壮结果母枝

良好的结果母枝是夺取丰产稳产的关键环节之一，枝梢纤

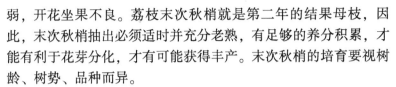

弱，开花坐果不良。荔枝末次秋梢就是第二年的结果母枝，因此，末次秋梢抽出必须适时并充分老熟，有足够的养分积累，才能有利于花芽分化，才有可能获得丰产。末次秋梢的培育要视树龄、树势、品种而异。

老树或当年挂果量大的树可考虑只培养一次秋梢作第二年的结果母枝，采果后施少量速效肥，氮肥为主，恢复树势；8月下旬再施一次肥，每株施复合肥 1.0～1.5kg，结合灌水进行，促进新梢在 9 月上中旬萌芽，由于此类树新梢生长缓慢，一般到 12 月结果母枝才老熟。

壮旺树可考虑培养两次秋梢，以第二次秋梢作第二年主要的结果母枝。采前 10～15d 施一次肥，以氮肥为主，氮、磷、钾肥配合施用，同时施少量腐熟的有机肥，施肥后淋水，采果后 10～15d 能发芽，待展叶转绿时淋施少量复合肥壮梢，促进第一次秋梢在 9 月中旬老熟；在第一次秋梢要老熟时及时淋施催芽肥，促使第二次秋梢在 9 月中下旬萌芽，10 月上中旬展叶开始转绿，一般能在 11 月下旬到 12 月上旬老熟，顺利进入花芽分化。为促进每次新梢加快老熟，可在展叶后进行叶面追施磷酸二氢钾。在每次新梢基部展叶时和完全展叶转绿时各喷一次杀虫剂和杀螨剂护梢。

早熟品种如三月红，树势强旺的结果树，抽梢快，采果后要放 3 次梢，以第三次梢作结果母枝。采果后要及时修剪，剪除重叠枝、交叉枝、病虫害枝、细弱枝，对当年的结果枝及过长的枝条留 25cm 短截，配合施肥促使第一次梢在 6 月中旬抽生，第二次新梢在 7 月下旬抽生，第三次新梢在 9 月上旬抽生。

（二）控制冬梢，促进花芽分化

荔枝冬梢抽发由于消耗大量养分，造成第二年无花或少花。冬梢的萌发与树势、基枝的老熟程度和气候条件有关，生长状态也较为复杂，因而要根据其生长状况及气候条件分别处理。控制冬梢的主要途径如下。

1. 适时培养末次秋梢

只要末次秋梢适时抽生，一般情况下就会控制冬梢的萌发。

2. 控氮增钾

末次秋梢转绿后停止氮肥的施用，增施钾肥。结果 50kg 的果树，每株可施氯化钾 0.5kg、巨微生物钾 0.1kg，挖浅沟施，旱天加水淋施。

3. 控水

末次秋梢老熟后停止灌水；亦可通过深翻断根控水，末次秋梢老熟后采用在树冠滴水线下松土 10~15cm，锄断部分须根的方法控水，也可以在树冠滴水线下挖宽、深各 30~40cm 的环状施肥沟或长 100~150cm 两条对面沟露根，20~30d 后结合施有机肥回土。

4. 环割、环剥或环扎

在末次秋梢老熟后，对长势壮旺、水肥条件好的树进行环割、环剥或环扎促花。环割方法：在主枝或副主枝上，用刀环割 1~3 圈。环剥方法：在主枝或副主枝上，用刀或专用环剥刀螺旋环剥 1~1.5 圈。环扎方法：在冬梢即将萌发时用直径 2.5mm 的铁线进行环扎。

5. 人工摘除冬梢

对于萌发较迟或控制不住的冬梢，在冬梢 3~5cm 长时，人工摘除冬梢或留 1.5~3cm 短截，可以重新萌芽成花。

6. 灌水促花

荔枝叶腋间产生花穗一级枝梗（侧轴）原基，即露"白点"时，要求有一定的水分。土壤湿润，花穗才能正常抽出，因此，为了保证花穗按时抽出，应视土壤干旱情况及时适量灌水，荔枝特早熟品种应在 12 月中旬、迟熟品种在 1 月中旬。

7. 化学控梢

（1）控梢。末次梢枝梢老熟，叶色浓绿且未萌发新芽的植株，应喷激素控梢，抑制秋梢不再萌发冬梢，不消耗养分，同时可增加结果母枝内促花激素的含量，促进成花，提高雌花比例。可选用以下任一组激素喷施：①40%乙烯利 11.3～15mL，加 B$_9$ 15g，对水 15kg；②40%乙烯利 11.3～15mL，加 15%多效唑 30g，对水 15kg；③花果灵 2 包，加蔗糖 100g，加特丁基核苷酸 1 包，对水 50kg；④荔枝控梢促花素 100mL，加蔗糖 100g，对水 50kg；⑤休眠素 1 包，加特丁基核苷酸 1 包，对水 50kg。

（2）杀梢。冬梢刚抽出，叶片是紫红色，估计不能正常老熟的植株，应及时杀死嫩梢嫩芽，抑制其营养生长，强迫其进入休眠状态。可选用以下任一组激素喷施：①40%乙烯利 18.8～22.5mL，加 B$_9$ 15g，对水 15kg；②40%乙烯利 18.8～22.5mL，加 15%多效唑 50g，对水 15kg；③杀梢保花素 1 瓶，加蔗糖 100g，对水 50kg，3～5d 后用控梢促花素 100mL，加特丁基核苷酸 1 包，对水 50kg。

（3）促梢。对开始转绿，叶是淡绿色，枝条柔软未老熟，但估计在花芽分化前能老熟的末次梢，应用叶面肥促其尽快转绿，赶上花芽分化。3～5d 喷 1 次叶面肥，连喷 3～4 次。可选用以下任一组叶面肥喷施：①尿素 30g，加磷酸二氢钾 30g，加硫酸镁 15g，对水 15kg；②特丁基核苷酸 1 包，加蔗糖 100g，对水 50kg；③复合型磷酸二氢钾 30g，加蔗糖 30g，对水 15kg。

（三）加强授粉工作，提高坐果率

荔枝坐果率高低差异极大，一般为雌花的 2%～12%。一株 19 年生淮枝，雌花约达 9 万朵，如坐果率 2%计，其产量仅 36kg，若坐果率提高到 12%，则产量可达 200kg 以上，可见生产潜力很大。

（1）花期放蜂。蜜蜂的传粉对提高坐果率起重要作用，放蜂的数量与荔枝群体大小成正比，成年荔枝树每公顷放蜂 30 群，可满足传粉要求。放蜂期应停止喷杀虫农药，避免蜜蜂中毒和蜂蜜受污染。

（2）人工辅助授粉。花粉的采集有湿毛巾蘸粉法，指用湿毛巾在盛开的雄花上拖蘸，并将蘸有花粉的毛巾放入清水洗下花粉，然后喷于盛开的雌花上；脱粉板法，指用打了数个孔的铁片，孔径 4.5~5mm，安装于蜂箱门，下方放一小盒，当蜜蜂进入蜂箱通过圆孔时，足上的花粉团部分被刮落。盛花期每天早上安装 2~3 h，每箱可取粉 10~30g；人工采摘法，指人工剪下发育成熟且花药未开裂的雄花小穗贮藏备用。贮藏方法可放入装有硅胶、生石灰等干燥剂的密封容器中，也可装入纸袋放于家用冰箱水果格中，5~12℃贮藏 50d 仍可使用。人工授粉以气温 20~25℃为佳，可在每 50kg 花粉液中加入硼酸 5g，配成后及时对盛开的雌花喷射授粉，可提高坐果率 3%~6%。

（3）雨后晴天摇花。盛花期遇阴雨时，天放晴即人工摇花枝以抖落水珠，加速花朵风干和散粉，或防止沤花。

（4）雌花盛开期遇高温干燥，宜灌水喷水，提高大气湿度。

（四）保果

荔枝果实在发育过程中落果严重，保果应在加强肥、水管理和病虫防治等综合措施的基础上，并辅以其他方法。

1. 施保果肥

（1）施花前肥。花前施肥以磷、钾肥为主，不能施过多氮肥，否则会形成带叶花穗和花穗过长，对坐果不利。一般结果 50kg 的果树，每株施复合肥 0.5kg，或尿素 0.5kg、氯化钾 0.25kg、过磷酸钙 0.5kg。

（2）施花后肥。开花后荔枝树体养分降到最低点，若不及时补充营养，则引起落果。故在谢花后应及时施 1 次速效肥，以氮肥为主，配合磷、钾肥。一般结果 50kg 的果树，每株施复合肥 1.0kg，或尿素 0.5kg、氯化钾 0.5kg。

2. 疏折花穗

花序长短直接影响花量和花质、坐果率，花序过长，消耗养分多。

（1）摘除早花穗。立春前后把早花穗全部摘除，促抽短而壮的侧花穗。

（2）疏花穗。对花穗过多的植株，为集中养分用于开花结果，当花穗抽出 10cm 时把弱穗、病穗、带叶花穗疏除，减少营养消耗。

（3）短截长花穗。对长花穗品种，如大造、妃子笑、黑叶等品种，花穗过长，花量多，泌蜜多，消耗养分过多；同时，花穗顶端雌花比例低，以雄花为主，消耗养分，不利于坐果，在花穗长 15~20cm 时短截。

3. 控制春梢生长

剪除开花植株抽出的少量春梢；摘除带叶花穗上的嫩叶，但不摘顶。用 200~250mg/L 乙烯利喷春梢以抑制春梢生长。

4. 喷施叶面肥和激素保果

花蕾期至幼果期，每隔 10~15d 喷一次叶面肥，叶面肥可用 0.3%尿素，加 0.3%磷酸二氢钾；或用核苷酸 1 包，对水 15kg。在花前喷施叶面肥需另加 0.1%的硼砂。开花前 10~15d，结合防治霜疫霉病、椿象进行叶面追肥 1~2 次，用 0.2%乙膦铝，加 0.1%~0.2%敌百虫，加 0.1%硼砂，加 0.1%硫酸镁，加 0.3%~0.5%尿素。开花期不能使用农药。谢花后 20~40d 可用 40~50mg/L 防落素，或 20~50mg/L 赤霉素，加 0.3%~0.5%尿素和 0.2%~0.3%氯化钾进行保果。

5. 环剥或环割

对生长偏旺的结果树，对主枝或主干进行环剥或环割或环扎保果。一般在雌花谢花后 10d 左右进行，老树弱树不宜进行。

五、果实采收

荔枝果实由深绿转为黄绿色、局部出现红色是成熟的开始。成熟时果皮全部呈鲜红色，果皮一旦转暗红色已是过熟，从开始着色至完全成熟经历 7~10d。为了保证商品质量并获得较长保鲜期，应当在果皮八成至全部呈红色即果实刚成熟时采收。皮色转暗是果实衰老的信号，不宜远运，只可近销。我国荔枝品种多，分布地域广，自南至北，横跨纬度约 11°。荔枝鲜果上市时间比世界其他国家长。海南、广东的早熟品种 5 月上中旬开始上市，福建、四川的晚熟品种 8 月上中旬才成熟，成熟期先后相差约 110d，有利于调节鲜果的供应。

正确的采收方法是要求在考虑母树来年生产的同时保证商品质量。荔枝果穗基枝顶部节密粗大，俗称"葫芦节"。在密节处折果枝，留下粗壮枝段，称"短枝采果"。由于该枝段营养积累多、萌发新梢生长快且健壮、利于培养优良结果母枝，故一般实行"短枝采果"。折果枝不带或少带叶，应视品种、树龄、树势而定。采收宜选晴天或阴天，雨天或中午烈日均不宜进行，否则不利贮运保鲜。采收时自上而下，逐层采摘。大树应备长果梯，盛果篮用长绳从枝丫处往下吊运，轻采轻放，以防损伤果皮。

荔枝采收后的变褐和腐烂，其外部原因主要是盛夏高温，果皮失水和真菌侵害。采收后在果园阴凉处就地分级，剔除烂果、病虫果，迅速装运。如在常温条件下运输，果实需先预冷后包装，因此大型果园最好在产地配有冷库，荔枝采收后尽快进入 0~5℃ 的低温环境中贮藏，能有效延长荔枝的新鲜状态。应用防腐剂和热水处理，可有效抑制真菌病害，而低温结合气调贮藏是目前延长荔枝保鲜期的最有效方法。

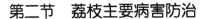

第二节　荔枝主要病害防治

一、荔枝炭疽病

【主要症状】

嫩叶受害，出现叶面暗褐色，叶背灰绿色近圆形的斑点，最后形成红褐色病斑，上生黑色小点；成叶受害，叶尖或叶缘出现黄褐色小圆斑，然后迅速向叶基扩展，形成大灰斑，其上有小黑点。嫩梢受害，病部呈黑褐色，严重时整条嫩枝枯死，病、健部界限明显。花枝受害，花穗变褐枯死。近成熟或采后的果实受害，果面出现黄褐色小点，后变成近圆形或形状不定的褐斑。边缘与健部分界不明显，后期果实变质腐烂发酸，湿度大时在病部产生朱红色针头大液点。

【发生规律】

病菌以菌丝体在病部越冬，病害在 13~30℃ 均可发生，最适温度 22~29℃，并要求要高湿，因此在高温多雨的夏季发病特别严重。病菌靠风雨传播，树势衰弱、幼果期、嫩枝叶、果实过熟、伤口多，有利于病菌入侵，发病严重。

【防治方法】

（1）增施有机肥和磷钾肥。实行配方施肥，避免偏施氮肥，以增强树势，提高抗病能力。

（2）雨季果园要搞好排除积水工作。

（3）冬季清园，修剪病枯枝、扫集落叶、落果，加以烧毁或深埋。清园后喷 1 次 0.5~0.8 波美度的石硫合剂或喷 1 次 40% 灭病威悬浮剂 500 倍液。

（4）喷药保护。春、夏、秋梢抽出后叶片初展时，花蕾期，幼果期（5~10mm），每隔 7~10d 喷 1 次，连喷 2~3 次，大雨后加喷 1 次。药剂可选用：70%甲基硫菌灵 1 000 倍液、50%多菌灵可湿性粉剂 800 倍液、50%咪鲜胺锰盐可湿性粉剂 1 500 倍液、45%咪鲜胺水乳剂 1 500~2 000 倍液、10%苯醚甲环唑水分散粒剂 800~1 000 倍液、50%多菌灵+25%瑞毒霉锰锌（1：1）可湿性粉剂 1 500~2 000 倍液等。

二、荔枝霜疫霉病

【主要症状】

幼果受害，呈水渍状，黑褐色，很快脱落。近成熟果实和成熟果实受害，多从果蒂处先出现不规则水渍状褐斑，迅速扩大到全果。天气潮湿时，长出白色霉状物，果肉糜烂发酸并有褐色的汁液渗出，病果易脱落。花穗受害后变褐腐烂，遇潮湿时也形成白色霉状物。嫩叶发病，叶面上有不规则的淡黄色或褐色的病斑，潮湿时长出白色霉状物；较老熟叶发病常在中脉处断断续续变黑，沿中脉出现褐色小斑点，后扩大为淡黄色不规则的病斑。

【发生规律】

病菌以菌丝体和卵孢子在病部组织或落入土壤中越冬。4—5月当温湿度适宜时，卵孢子萌发产生孢子囊，并萌发形成游动孢子，由风雨传播或直接萌发为芽管，成为病害的初次侵染源，病菌初次侵入后 2~3d 即可发病，病部再生孢子囊，继续为害。5—6月在果实近成熟到成熟期，遇 4~5d 雨天，且是南风天气，病害发生严重。凡园地低洼，土壤比较肥沃，施氮肥过多，排水不良的果园发病严重；同一株树，树冠下部荫蔽处，发病早而重；近成熟的果比不成熟的果发病较重。早、中熟种易感病。

【防治方法】

（1）果园要修好排灌系统，排除果园积水，降低荔枝园的湿度。采收后把病虫枝、弱枝以及过密的枝剪去，使园区通风透光良好，并清除地面上的落果、烂果、枯枝落叶，集中烧毁或深埋，防止卵孢子形成落入土中越冬，并喷 1 次 0.3~0.5 波美度石硫合剂或晶体石硫合剂 150 倍液，减少病源。3 月至 4 月上旬在卵孢子萌发时期用 1% 硫酸铜溶液，也可用 30% 氧氯化铜 300 倍液喷洒荔枝园地面，并加撒石灰。

（2）上一年发病严重的果园，在花蕾期、幼果期和果实近成熟期各喷药 1~2 次。特别是近熟期和成熟期，遇多雨天要抢晴天喷药保护。药剂可选用 58% 瑞毒霉锰锌可湿性粉剂 800 倍液、70% 甲基硫菌灵可湿性粉剂 1 000 倍液、50% 多菌灵可湿性粉剂 800 倍液、80% 代森锰锌可湿性粉剂 500~800 倍液、75% 百菌清可湿性粉剂 500~800 倍液或 53.8% 氢氧化铜 2 000 干悬浮剂 900~1 000 倍液、25% 吡唑醚菌酯乳油 1 000~2 000 倍液、25% 嘧菌酯悬浮剂 800~1 500 倍液、25% 双炔酰菌胺悬浮剂 1 000~2 000 倍液、50% 烯酰吗啉可湿性粉剂 1 000~2 000 倍液、60% 吡唑醚菌酯·代森联水分散粒剂 800~1 500 倍液。

三、荔枝叶片病害

【主要症状】

（1）灰斑病又名拟盘多毛孢叶斑病。病斑多从叶尖向叶缘扩展。初期病斑圆形至椭圆形，赤褐色，后逐渐扩大，或数个斑合成不规则的大病斑，后期病斑变为灰白色，病斑产生黑色粒点（分生孢子盘）。

（2）白星病又名叶点霉灰枯病。初期叶面产生针头大小圆形的褐色斑，扩大后变为灰白色，边缘褐色明显，斑点上面生有黑色小粒点（分生孢子器），叶背病斑灰褐色，边缘不明显。

（3）褐斑病又名壳二孢褐斑病，初期产生圆形或不规则褐色小斑点，病斑扩大后，叶面病斑中央灰白色或淡褐色，边缘褐色。病、健部分界明显。叶背病斑淡褐色，边缘不明显。后期病斑上产生小黑点（分生孢子器），常数个斑连合成不规则大病斑。

（4）叶枯病为害成叶，多始发于叶尖，从叶顶向两边延伸，呈"V"字形，后期病斑上产生小黑点（分生孢子器）。

【发生规律】

病菌以分生孢子器、菌丝或分生孢子在病叶或落叶上越冬。分生孢子是初次侵染的主要来源，借风雨传播，在温湿度适宜条件下，分生孢子萌发后侵入叶片为害。此病以夏秋较多发生。严重的可引起早期落叶。老果园、栽培管理差、排水不良、树势衰弱以及虫害严重的果园容易发病。

【防治方法】

（1）增施有机质肥，及时排除果园积水，提高树体抗病能力。对衰老果园要更新修剪，同时注意清园，清除枯枝落叶，集中烧毁，减少病源。

（2）对有发病史的果园，夏秋要经常检查，发现有病害发生及时喷药防治，可选用30%氧氯化铜悬浮剂600倍液、70%代森锰锌可湿性粉剂500~700倍液、45%三唑酮·福美双可湿性粉剂600倍液等。

四、荔枝藻斑病

【主要症状】

主要发生在成叶或老叶上，叶片正面多见。发病初期出现黄褐色针头大的小斑，后逐渐扩大成近圆形或不规则形黑褐色斑点，病斑上有灰绿色或黄褐色毛茸状物，是藻类的藻丝体（营养体），后期转为锈褐色，病斑中央灰白色。嫩叶受害，叶片上密生褐色小斑，在叶片中脉常形成梭形或条状黑色斑，后期病斑中央灰白色。

【发生规律】

果园郁蔽、通风透光性差，在温湿度条件适宜情况下，越冬的营养体产生孢子囊和游动孢子，借雨水传播，侵入寄主内，在表皮细胞和角质层之间生长蔓延，并伸出叶面，形成新的营养体，随后再产生孢子囊和游动孢子，辗转侵染为害，使病害扩大蔓延。在多雨季节有利于藻类繁殖，病害迅速扩展蔓延。

【防治方法】

（1）加强果园管理，增施有机肥，及时排除积水，合理修剪，使树体既健壮又不互相荫蔽，减少病害发生。

（2）发病初期以及清园后喷 30%氧氯化铜悬浮剂 600 倍液或 77%氢氧化铜可湿性粉剂 600~800 倍液。

五、荔枝煤烟病

【主要症状】

叶片受害，初期表现出暗褐色霉斑，继而向四周扩展成绒状的黑色霉层，严重时全叶被黑色霉状物覆盖，故称煤烟病。严重的在干旱时部分自然脱落或容易剥离，剥离后叶表面仍为绿色。后期霉层上散生许多黑色小粒点（分生孢子器）或刚毛状凸起（长型分生孢子器）。

【发生规律】

病菌以菌丝体和子实体在病部越冬，翌年温湿度适宜条件下，越冬病菌产生孢子，借风雨及昆虫活动而传播。由于多数煤烟菌以昆虫分泌的蜜露为养料而生长繁殖。故其发生轻重与刺吸式口器害虫的发生为害关系密切，因此，凡介壳虫、蚜虫、粉虱等发生严重的果园煤烟病发生严重。此外，花期的花蜜散布在叶片上可诱发煤烟病，荫蔽和潮湿的果园、树势衰弱的果园亦容易发生此病。

【防治方法】

加强果园管理，增施有机肥，及时排除积水，合理修剪，使树体既健壮又不互相荫蔽，减少病害发生。

第三节　荔枝主要虫害防治

一、荔枝蝽

【为害特点】

荔枝蝽以若虫和成虫刺吸为害荔枝的嫩梢、花穗及幼果，导致落花、落果，其分泌的臭液可造成受害部位枯死、脱落。

【防治方法】

（1）荔枝蝽的卵块很明显，可以摘除卵块集中处理；也可以摇动树枝，收集掉落的成虫。

（2）3—5月荔枝蝽低龄若虫盛发期是最佳防治适期。此时若虫聚集为害，建议挑治，药剂可选用4.5%高效氯氰菊酯乳油1 000~1 500倍液、25g/L高效氯氟氰菊酯乳油1 000~1 500倍液、2.5%溴氰菊酯乳油1 000~1 500倍液、10%醚菊酯悬浮剂1 000~1 500倍液、5%啶虫脒乳油500~1 000倍液，均匀喷施。

二、荔枝蛀蒂虫

【为害特点】

荔枝蛀蒂虫主要以幼虫在果蒂与果核之间蛀食，导致落果，为害近成熟果则出现大量"虫粪果"，严重影响荔枝品质和产量，同时也为害嫩茎、嫩叶和花穗。

【防治方法】

（1）农业防治。因采果后荔枝蛀蒂虫大多在落叶上化蛹，收果后及时清园，并及时将剪除的枯枝落叶及病虫枝等清理干净，可大大减少越冬虫源。

（2）天敌保护与利用。3—6月部分绒茧蜂对荔枝蛀蒂虫的寄生率可达40%左右，7—8月白茧蜂对其的寄生率可高达60%，合理保护天敌，可降低荔枝蛀蒂虫的虫口密度。

（3）物理防治。荔枝蛀蒂虫极度畏光，有条件的果园，可用"光驱避"法防控荔枝蛀蒂虫，即在荔枝果实膨大期至采收期通过夜间挂灯照亮果园中的荔枝树表面防治该虫。

（4）药剂防治。合理应用生物农药，如绿僵菌等生物农药。也可以选用化学药剂，如100g/L联苯菊酯乳油1 000~1 500倍液、25g/L高效氯氟氰菊酯乳油+200g/L康宽悬浮剂2 000~2 500倍液、4.5%高效氯氰菊酯乳油等，均匀喷雾。若荔枝采收前半个月左右仍需防控，则可选用2.5%多杀霉素悬浮剂、60g/L乙基多杀菌素悬浮剂和10%醚菊酯悬浮剂等低毒杀虫剂。

三、尺蠖类

【为害特点】

尺蠖类害虫主要包括粗胫翠尺蛾、波纹黄尺蛾、大钩翅尺蛾、油桐尺蛾、青尺蛾等。主要以幼虫为害荔枝新抽嫩枝嫩叶，部分幼虫为害幼果，是荔枝上常年普遍发生的一种害虫。

【防治方法】

（1）农业防治。冬季清园，破坏尺蠖越冬场所，减少越冬虫源；因尺蠖喜食嫩叶，统一放梢，及时修剪枝梢，也可有效控制其为害。

（2）物理防治。利用尺蛾类成虫喜光特性，可用频振式杀虫灯等诱杀成虫。

（3）化学防治。新抽夏、秋梢时密切注意防治该虫，低龄幼虫期为防治适期。药剂可选用4.5%高效氯氰菊酯乳油1 000~1 500倍液、25g/L高效氯氟氰菊酯乳油1 000~1 500倍液、10%醚菊酯悬浮剂1 000~1 500倍液等，均匀喷雾。

四、荔枝瘿螨

【为害特点】

荔枝瘿螨的被害部俗称"毛毡病"。成螨、若螨吸食荔枝嫩枝、嫩茎及花穗等，引起受害部位畸变，形成毛瘿。被害叶片背部凹陷处生无色透明稀疏小绒毛，随着为害加重，后期绒毛增多变褐色，最后成深褐色形似毛毡状，扭曲不平。花穗受害，不能正常发育，幼果受害极易脱落。

【防治方法】

（1）农业防治。及时剪除病枝、弱枝并集中烧毁，减少虫源；合理施肥，增强树势，提高果树抵抗力。

（2）化学防治。花穗期和新梢期为重点防控期。药剂可选用1.8%阿维菌素乳油2 000~3 000 倍液、240g/L 螺螨酯悬浮剂4 000~5 000 倍液、110g/L 乙螨唑悬浮剂3 000~4 000 倍液，均匀喷雾。

第四章 菠萝栽培与病虫害防治技术

第一节 菠萝栽培技术

一、育苗建园

（一）选苗与育苗

1. 吸芽繁殖

当母株吸芽高 10～15cm 时，把吸芽摘下繁殖。对母株加强管理，促休眠芽萌发，继续剥离繁殖，这种方法适用于菲律宾品种。卡因类品种吸芽少，要留作后继母株。种植的吸芽要求叶身变硬，叶片开张，长 25～35cm，剥去基部叶片后现出褐色小根点时，即为成熟表现。种后 16～20 个月结果，果偏小，但果实品质好。

2. 冠芽繁殖

冠芽长约 20cm，叶身变硬，上部开张，基部变窄，而且有幼根出现时摘下繁殖。用冠芽苗作种植材料的，果大，开花整齐，但种后需要 24 个月才开花结果。用冠芽作繁殖材料的，一般在 6—7 月摘下繁殖。

3. 裔芽繁殖

裔芽多影响产量，可适当选留 2～3 个，待芽长 18～24cm 时摘下繁殖。定植一般经 18～24 个月才开花结果。

4. 茎部繁殖

（1）老茎就地分株。将收果后的老株上已达 20~30cm 的吸芽、裔芽及时摘下用于繁殖。

（2）全茎埋植。将老茎挖出，削去叶的大部分，只留 3~4cm 长的叶基以保护腋芽，并剪去缠绕在茎上的根，晾晒 1~2d 后，埋入苗床里，出芽后分批摘下大苗用于繁殖。

（3）老茎纵切或横切。挖老茎去掉叶、根，纵切成 2~4 块，或横切成 2cm 厚的块，用草木灰或 0.5%高锰酸钾液浸 10min，晾干后种于苗床。可用沙覆盖，以不露切面为度，出苗后切出合格的芽苗，繁殖以 3—6 月效果最好（7—9 月温度高，10 月后温度开始降低，均不利芽萌发）。

5. 带芽叶插

把老株挖起，去根及枯叶，待绿叶留长 25cm 左右时剪掉中上部，选择腋芽饱满的连叶着生部分茎并将所属的叶切下，斜插于苗床（沙床）上，深约 1cm，扦插时河沙含水量为 2%左右，前 7~10d 勿淋水。待苗长 5cm 并有幼根时移出繁殖。

（二）园地选择

菠萝采收期集中。一般采收高峰期仅半个月左右，必须及时采收调运。因此，宜选择靠近公路、沿河的坡地种植。宜选择坐北向南的丘陵山地；江河两岸；四周有大水库的山坡；坡度不宜大于 25°。

（三）开垦整地

清理杂树、石块。用推土机清理杂树等，对局部地形初步整形推平。用中型拖拉机多犁少耙，犁深约 30cm，但不宜把土耙得过碎，以免板结，透气不良。一般土团直径应在 5cm 以上。除尽恶性杂草，如茅草、香附子等。15°以下的缓坡地可用平畦。全垦后，按照一定距离分幅，幅内分畦，一般畦面宽 100~150cm，畦沟宽 30~40cm，深约 25cm。较陡的山坡用泥块、草皮块垒成土畦，心土放在畦面，种苗栽在垒起的草皮、泥块中。此法表土深厚、疏松透气好，排水良好，但费工多，易受干旱。保水保肥力差的沙砾土的山地采用浅沟畦种植，即开成100cm宽的浅沟（深约20cm）种植，起保水保肥作用。但排水不良的黏土不宜采用。

二、苗木定植

（一）施足基肥

菠萝速生快长，而丘陵土地肥力低，有机质和各种营养元素缺乏，很难满足快速生长的需要，定植时不施或少施基肥，则结果期推迟，产量低，品质差；而且菠萝种植密度大，叶片覆盖畦面，加之叶有刺，施肥操作困难，极易伤叶伤根，难施固体肥料，因此，种植前应施足基肥，果农认为"一基（肥）胜三追（肥）"。

施基肥的数量，一般视土壤肥力而定，丰产园的用量为每亩施绿肥1 000~2 000kg，猪牛栏肥1 500~2 500kg，花生麸50kg，氯化钾20kg，过磷酸钙15kg，石灰50kg。

（二）定植时期与方法

在华南地区，只要有良好、新鲜的种苗，全年均可种植。但考虑到生根快，以气温高、雨水足的季节较理想，常在3~9月种植。在广西壮族自治区8—9月各种芽苗充分老熟，气温、土温均较高，种后7~10d发新根，冬至前还有一定的生长量，次年春天恢复生长早。而广东省宜在5—8月定植。海南则9—10月还可种植。

苗木分级，按大小分区种植；苗木分类种，即冠芽、裔芽、吸芽要分开种；用新鲜苗；种时剥去芽苗基部的枯叶和数片青叶，露出根点，便于快长根；裔芽基部的果瘤要切除后再剥叶片；浅种、压实，种时以不盖过中央生长点为好，一般冠芽种植

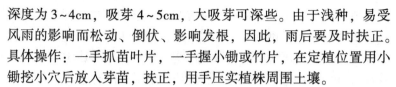

深度为 3~4cm，吸芽 4~5cm，大吸芽可深些。由于浅种，易受风雨的影响而松动、倒伏、影响发根，因此，雨后要及时扶正。具体操作：一手抓苗叶片，一手握小锄或竹片，在定植位置用小锄挖小穴后放入芽苗，扶正，用手压实植株周围土壤。

（三）种植密度和方式

菠萝较耐阴，合理密植可起自荫、覆盖作用，夏降温、冬提温，增加土壤湿度，改善小区气候。同时可提高土地利用率和光能利用，减少杂草生长，节约人工投入。在一定密度范围内，密度越大，则产量越高，但单果重越轻，吸芽数越少。

在我国台湾地区能获得一级果而产量最高的那个密度就是合理的种植密度，如规定无刺卡因品种果实 1.5kg 为一级果。种植密度还应考虑品种、环境条件、栽培水平和果实用途。在施足基肥、及时追肥、选种壮苗、激素催花且坡度在 20°之内的地区，无刺卡因亩植 3 000 株。菲律宾品种亩植 4 000 株较合适。即无刺卡因品种株行距为 30cm×40cm，菲律宾品种株行距为 25cm×35cm。

种植方式有 3 种，即双行单株、三行单株、多行单株。以双行单株"品"字形排列，更能合理利用空间和光照。

三、土肥水管理

（一）土壤管理

1. 土壤耕作

菠萝定植时如果未用地膜或干草覆盖畦面，杂草会生长很快。需要定时人工或化学除草。

2. 培土

结果后，代替母株结果的吸芽从叶腋抽生，因此，位置逐年上移，如果吸芽气根不能伸入土中吸收养分和水分，则影响生长，也易倒伏和早衰，应及时进行培土。培土时期在采果后结合除草清园施重肥时为宜。培土高度以盖过吸芽的基部为宜。

3. 土壤覆盖

菠萝园的土壤覆盖，主要是起到保持土壤湿润、松软，增加土壤有机质、夏秋季降温的作用；同时还能防止水土流失，有效抑制杂草生长，减少锄草用工等。一般覆盖材料为稻草、蔗叶、玉米秆等，也可以用黑色塑料薄膜，先铺后种，效果较好。

（二）施肥

1. 菠萝的营养特点

菠萝所需的矿质营养主要是氮、磷、钾、钙、镁、铁、硫、硼、铜。从叶片营养分析得知，菠萝需要大量的氮，比氮更多的钾，适量的钙，少量的磷，微量的铜、镁、铁和硼等。钾比氮多1倍，钙需要量居第三位，比磷多2倍以上。每生产1 000kg果实，植株要吸收 N 0.782kg，P_2O_5 0.3kg，K_2O 2.382kg。比例为26∶10∶79。

2. 施肥

菠萝园各生长发育阶段可进行土壤施肥，在施足基肥的前提下，一般分4个阶段施肥。

（1）壮株肥。植后翌年3月亩施尿素5~10kg，6—7月施尿素8~10kg、氯化钾6kg，9—10月施尿素5~8kg、磷肥10~15kg、钾肥6kg。

（2）促蕾肥。抽蕾前的12月至翌年1月间施下，促花蕾壮大。亩施磷肥60kg、农家肥2 000~3 000kg，沟施或穴施，施后培土。

（3）壮果促芽肥。4—5月正是花期和各类芽的抽生盛期，需养分多，亩施尿素15~20kg。

（4）壮芽肥。7—8月采果后施，母株吸芽迅速生长时，需要充足的养分，为促使芽健壮，施尿素5~10kg、花生麸10~15kg、氯化钾15kg，以液施为主。

部分菠萝产区年亩施肥量见表 4-1。在生长旺盛季节进行根外追肥，即 4—10 月，每月 1 次，有条件的最好 5—8 月每月两次。使用浓度为 0.8%~1% 的尿素、0.8%~1% 的硫酸钾、0.3%~0.5% 的硫酸镁喷施。

表 4-1　亩产量菠萝 5 000kg 的施肥量　　　单位：kg/亩

地区	N	P_2O_5	K_2O
广西	35~60	14~40	13~50
广东海康	35	19	42
泰国	69	17	69

（三）水分管理

菠萝园积水会导致烂根，建园整地时要修整好排水沟；大雨或暴雨后需及时排除积水。进入旱季或月降水量少于 50mm 时，需灌水或淋水。

四、植株管理

（一）除芽和留芽

菠萝开花后，各种芽体（冠芽、裔芽、吸芽等）相继发生，如果全部保留，则养分分散，影响果实生长（增大）和接替母株的吸芽生长，应及时选留和除去。

1. 冠芽处理

摘除冠芽，具有使果形正整、果顶浑圆、美观的作用，过去认为冠芽还会影响产量。但近年来有研究显示，冠芽不会影响果实增大，一般不必除去，特别在气温高、光照强烈的地方，应留冠芽防晒护果。除冠芽一般是待冠芽长 5~6cm 时，用手推断，也称封顶。

2. 裔芽处理

着生在果柄上裔芽，会影响果实的发育，应及时分批除去。

一般在裔芽2~4cm时除掉。值得注意的是，一次摘除不能过多，因为一次摘除过多，则造成的伤口多，会引起果柄失水干缩，使果实斜倾，引至日灼病，发育不正常。

3. 吸芽的选留

一般应及时选留大的、接近地面的1~2个吸芽为第二年的结果母株。菲律宾品种亩留5 000株，无刺卡因品种亩留3 000株，多余的及时摘除。吸芽的选留方法是留壮去弱，去高位芽留低位芽，去小留大。

（二）防晒护果

菠萝正造果在6—8月成熟，此期气温高，阳光猛烈（海南省等），极易发生日灼病，必须做好果实防晒工作。生产上常用的方法：保留冠芽以遮盖保护果实；如果已经摘除冠芽，则在收果前1个月，利用本株的数片叶片束扎遮盖果实；也可用稻草、杂草遮盖保护。

（三）防霜冻

菠萝为热带果树，喜温忌霜冻。我国除台湾、海南、广东雷州半岛及云南南部的菠萝产区属热带气候外，大部分栽培区冬末初春常遭霜害和寒害。

1. 预防霜冻

（1）选择菠萝生态最适宜区和适宜区建立商品基地。在次适宜区栽培时，选择避风向阳、冷空气不易沉积、土壤疏松排水良好的地方建园。

（2）塑料薄膜覆盖。整畦用薄膜覆盖，四周用泥压紧。这方法能较好地避开平流型霜冻下冷风冷雨对植株的侵害，如生长点死亡、腐心等；也可减轻辐射型霜冻受害程度，有效地保护幼蕾、幼果和植株越冬。

（3）束叶。即用稻草把整株叶片束起缚扎，保护大部分叶片及心叶不受害。此法对一般的霜冻及冷风冷雨有一定效果，回

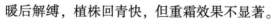

暖后解缚，植株回青快，但重霜效果不显著。

（4）盖草。用稻草、杂草覆盖植株顶部，以不见叶片为度。保护生长点和叶片。此法防霜效果好，但冷风、冷雨灌入心部和叶基部易引起烂心和烂叶基，低温湿冷时间长，受害更重。

同时应注意：①冬前不要过多施用氮肥，勿使植株生长健壮充实。②避免接近抽蕾的大苗越冬，因为此期抗寒力弱，应以中苗越冬较为安全。

2. 受冻后的补救措施

（1）割除枯叶、施肥、培土。对受害较轻，仅部分叶片受害干枯而绝大部分植株心叶未受害的菠萝园，可将干枯叶割除，只顶部干枯，顶部未干枯，尚有青绿者不割。对全株叶片全枯的，全部割除，在春暖后的 3 月，进行重施肥培土，一般亩施土杂肥 1 500~2 000 kg，复合肥 50 kg，促吸芽萌发。

（2）根外追肥。对受害较轻的菠萝园，应在 4—9 月生长旺盛时期每月喷施 2% 尿素水肥，促进生长。

（3）翻种更新。对受害严重的菠萝园应及早起苗翻种更新。

五、植物激素的应用

（一）控制花期与结果

菠萝自然采收期分为夏果和冬果。一般自然抽蕾率不高。如卡因种，正造花约为 60%，翻花约为 25%，两者合计 85%，而用激素催花，则抽蕾几乎可达 100%。同时，激素催花可错开开花、成熟期。催花可分期、分批进行，使有计划地催花、采收，延长果实供应期，提高经济效益。而自然开花，熟期集中，盛收期只有 20~30 d，对市场供应和加工不利（表4-2）。

表4-2　催花时期与果实熟期的关系

催花时期	成熟时期
1—4 月	7—8 月
5 月	9—10 月
6 月	10—11 月
7 月	12 月
8—10 月	翌年 4—6 月
11—12 月	翌年 6—7 月

1. 乙烯利催花

乙烯利催花效果最好，使用方便，无药害，安全可靠，生产最为常用。催花的植株须达到足够的生长量才能生长大果，菲律宾品种有长 35cm 以上，宽 4.5cm 以上的叶片 30 片以上，植株重 1~5kg；无刺卡因品种有长 40cm 以上，宽 5.5cm 以上的叶片 35 片以上，植株重 1.5~2.0kg 以上。使用浓度一般为 250~500mg/L，每株用 30~50mL。温度高时可用低浓度，温度低时用高浓度。植株大则用量多些，加入 2% 尿素效果更好。无刺卡因品种要用较高浓度；菲律宾品种可用较低浓度。

为了避免果实受寒害，催花期菲律宾品种不应迟于 7 月上旬；无刺卡因品种不应迟于 5 月上旬，因为卡因种发育期长。催花前 1 个月要停止施用氮肥。

2. 碳化钙催花

每株用碳化钙（电石）0.5~1g 粉粒放于菠萝株心中，迅速加入 30~50mL 清水。也可溶成电石水后灌心，要求即溶即灌。催花值得注意的是，电石浓度不能超过 2%（即 50g 水用电石不能超过 1g）；在晚上用药较好，尤其在午夜更好。上午 9：00 时以后效果较差。

（二）促进果实增大

在植株生长健壮，叶多、长、宽和厚的前提下，应用激素可提高单果重和产量。生产上常用的激素为赤霉素和萘乙酸，使用时期和浓度见表4-3。值得注意的是，使用萘乙酸壮果，浓度超过50mg/L对裔芽和吸芽有明显的抑制作用。因此，使用时只能喷果实；用药不当，具有副作用，如果心粗、酸多、肉粗、不耐贮藏、易日灼、易裂果等。

表4-3 菠萝品种与使用激素浓度

品种	第一次（开花末期）	第二次（间隔20d）
菲律宾	赤霉素 20mg/L+尿素 0.5%	赤霉素 30mg+尿素 0.5%
无刺卡因	萘乙酸 30mg/L+尿素 0.5%	萘乙酸 50mg/L+尿素 0.5%

（三）催熟果实

菠萝用浓度为 0.06%~0.1%乙烯利溶液喷果，果实提早成熟，成熟期较为一致，但降低果实贮藏性。在植株抽蕾后 100~110d、果实颜色由深绿转为浅绿时喷果，夏季处理后 7~12d 果皮转黄，冬季需 15~20d 才转黄。

六、果实采收

（一）成熟标准

1. 青熟期

果皮由青绿色转为黄绿色，白粉脱落，有光泽，小果间隙的裂缝出现浅黄色。果肉由白色转黄色，变软，汁逐渐多，达 70%~80%成熟度，可外运、加工用。

2. 黄熟期

果实基部 2~3 层小果黄色，果肉橙黄色，果汁多，糖分高，香味浓，达 90%成熟度，可鲜食用。

3. 过熟期

皮色金黄，果肉开始变色，汁特别多，糖分下降，香味变淡，有酒味，失去鲜食价值。

（二）采收方法

采收时，用手拿住果，用刀在果下留果柄长 2cm 以上切断，取下果实，小心轻放，减少机械伤。采收后不宜堆放太高，避免透气不良，引起烂果，并及时分级包装外运。以晴天早上露水干后采收为宜，阴雨天不采收，以防发生果腐病。

第二节　菠萝主要病害防治

一、菠萝心腐病

【主要症状】

主要为害幼龄植株，也为害成株与果实。幼株被害，植株初期叶片仍呈青绿色，仅叶色稍变暗无光泽，心叶黄白色，容易拔起，肉眼不易察觉。以后病株叶色逐渐褪绿变黄或变红黄色，叶尖变褐干枯，叶基浅褐色或黑色水渍状腐烂，腐烂组织变成乳酪状，病、健部交界处呈深褐色，随后次生菌入侵，组织腐烂发臭，最终全株死亡。成株被害，主要是根系变黑腐烂，心叶褪绿，较老叶片枯萎，病株果实味淡。

【发生规律】

病菌在田间病株和土壤中存活或越冬。翌年条件适宜时产生孢子囊和游动孢子，借风雨溅散和流水传播，使病害在田间迅速蔓延。高温多雨季节，特别是秋季定植后遇暴雨，往往发病严重。连作、土壤黏重、排水不良的田块较易发病。

【防治方法】

（1）选用无病壮苗，选排水良好的沙质壤土种植。

（2）发病初期可选用50%多菌灵可湿性粉剂500~800倍液、70%甲基硫菌灵可湿性粉剂或25%甲霜灵可湿性粉剂800~1 000

倍液、58%瑞毒霉锰锌可湿性粉剂 600~700 倍液喷洒菠萝植株，10~15d 喷 1 次，连喷 2~3 次。

二、菠萝褐腐病

【主要症状】

主要发生在成熟的果实上，被害果外观与健果难于区别，剖开果实时有两种情况：一种是小果变褐色或黑褐色，感病组织略变干、变硬，不易扩展到健康组织；另一种是近果轴处变暗色、水渍状，后变成褐色或黑色。

【发生规律】

小果褐腐病是菠萝开花期间病菌侵入蜜腺管和花柱沟引起的。在幼果生长发育期，病菌呈休眠状，当果实进入成熟期，病菌就活跃起来，扩大侵染范围，使蜜腺管壁和花柱沟变褐色，进而使小果呈褐色或黑褐色而导致腐烂。花期遇低温多雨，易诱发病，采果和贮运过程伤口多，发病较重。广州地区 8—9 月菠萝果实成熟期常发生，以卡因类菠萝发生较普遍。

【防治方法】

（1）花前期可选择喷 50%多菌灵可湿性粉剂 1 000 倍液、70%甲基硫菌灵可湿性粉剂 1 000~1 500 倍液，保护发育中的花序。

（2）收获、运输及贮藏，小心轻放，减少伤口。雨天不收果，晴天收果也不宜堆放过厚，贮藏室要通风干燥。远途运输时应采用冷藏车运输，温度保持 7~8℃。

三、菠萝枯斑病

【主要症状】

苗期与成株期均会受害，病斑多发生在植株中下部叶片两面，发生初期为淡黄色，绿豆大小的斑点，条件适宜时扩大，中央变褐色并下陷；后期病斑椭圆形或长椭圆形，常几个小斑连接形成大斑，边缘深褐色，外有黄色晕环，中央灰白色，上生黑色刺毛状小点（即病菌的分生孢子盘）。

【发生规律】

病菌和菌丝体或分生孢子盘在病叶组织内越冬，第二年温度、湿度条件适宜时，产生分生孢子，随风雨侵入嫩叶。高温多湿天气易发病，夏秋发病较重。

【防治方法】

（1）加强栽培管理，不偏施氮肥，及时排除积水，可减少病害发生。

（2）抽新叶期，隔15 d喷药1次，连喷2~3次，保护新叶不受感染。药剂可选用50%多菌灵可湿性粉剂600倍液、70%甲基硫菌灵可湿性粉剂800~1 000倍液。

四、菠萝凋萎病

菠萝凋萎病又名菠萝粉蚧凋萎病。

【主要症状】

发病初期基部叶片变黄发红，皱缩失去光泽，叶缘向内卷缩，以后叶尖干枯，叶片凋萎，植株生长停止，部分嫩茎和心叶腐烂。地下部根尖先腐烂再发展到根系部分或全部腐烂，植株枯死。

【发生规律】

初侵染源是带有菠萝粉蚧（若虫和卵）越冬的病株。冬天粉蚧在植株基部和根上越冬。一般高温、干旱的秋季和冬季易发病。但低温阴雨的春天也常见此病。新开荒地发病少，熟地发病多。卡因类品种较其他品种易感病，卡因杂交种抗性较好。蛴螬、白蚁、蚯蚓等吸食地下根部会加重凋萎病发生。

【防治方法】

（1）选用无病苗木，采用高畦种植。

（2）做好菠萝粉蚧和地下害虫的防治。

（3）及时挖除病株并集中烧毁。

第三节　菠萝主要虫害防治

一、菠萝粉蚧

【为害特点】

菠萝粉蚧多聚集在菠萝的根、茎、叶和果实的间隙导致菠萝叶片枯萎，而菠萝粉蚧分泌的汁液则会导致菠萝植株病害的发生。

【防治方法】 选择无虫植株、用10%吡虫啉可湿性粉剂1 000倍液药剂浸泡种苗根部、植株根部10min，或放置生石灰以及运用杀虫剂等。

二、中华蟋蟀

【为害特点】

中华蟋蟀主要咬食菠萝的果实、根系和叶片，最终造成果实腐烂、根系和叶片损伤乃至枯萎。

【防治方法】

用熔化的敌百虫晶体和翻炒过的米糠以及水混合均匀后作为饵料对其进行诱杀。

三、蛴螬

【为害特点】

蛴螬主要咬食菠萝植株的叶片和根茎部位，从而造成植株损伤乃至枯萎，该虫害主要暴发在 5—7 月。

【防治方法】

在对菠萝植株进行施肥的时候在肥料中拌合 50%辛硫磷乳油毒杀蛴螬，或者在果园安置黑光灯对其进行诱杀。

第五章 澳洲坚果栽培与病虫害防治技术

第一节 澳洲坚果栽培技术

一、园林规划

（一）宜林地的选择规划

宜林地应选择海拔 1 200m 以下，坡度小于 25°；夏季最高温不超过 35℃，冬季最低温不低于 0℃；年降水量 1 400mm 以上；土层深厚（1m 以上）肥沃，富含有机质，pH 值 5~5.6；排水良好，旱季缺水时有灌溉条件；面积一般 30~100 亩（1 亩 ≈ 667m²，15 亩 = 1hm²），能集中连片，500~1 000 亩以上更好。坡度 25°~30° 的退耕还林地，只要土层深厚（1m 以上）肥沃，富含有机质，也可以选择种植。

1. **道路系统的规划**

平地果园内要设置"十"字形主干道，能通行车辆，区间支道可通行手扶拖拉机，即使是农户的小果园也要设置田间小路；坡地则按等高线设置成"之"字形主干道，能通行手扶拖拉机或农用汽车；区间支道可通行摩托车。

2. **灌排水系统的规划**

沿主干道、支道两边设置排灌水沟，做到排灌自如不积水；无水源灌溉的山地果园每 1~1.3hm² 配置 10~15m² 的蓄水池，雨季可将上坡方向的雨水导入蓄水池储存，以便干旱时用。

3. 防风林带的规划

防护林带对果园起到防风、调节小气候、改善生态环境的作用。防风林在平地上的防风有效作用距离大约等于其高度的10倍。在防护林完整的果园内，风力减弱33%，蒸发量减小20%，空气相对湿度提高6%，冬季平均气温比无林带区上升2℃。但在迎风坡面防风林的效果则因坡度不同而缩减不一。要求主林带之间距离控制在80~150m。

防风林的主林带应设置在强风危害的迎风口上，并与风向垂直；防风森林带的树种应选择生长快、树型高大、枝叶茂盛、四季常绿、寿命长、经济价值高、根深不易被风吹倒。用作防风林的树要抗风力强，并且没有和澳洲坚果有相同的病虫害的乡土树种，或有较高经济价值的树种，要求主林带与风向所在的偏角不能小于30°。

防护林带在耕作区的角上应留缺口，以便机械化耕作和排气。防护林的种植应与澳洲坚果树相距至少15m，以便机械设备运作，并减少水分和养分的竞争。

4. 房屋系统的规划

在每人可管护2~2.3hm²范围内，设置1个管护人员所需的生活住房和保管室，生活住房可在果园中心点集中2~3户人家在一起建设规划，但原则上要以利于果园管理为前提进行规划建设。

5. 加工处理区及设施规划

果实加工处理区及设施规划时，应根据生产规模配置果实预贮间、分拣间、脱皮加工间、分级间、干燥间、贮存及包装等采后商品化处理场地设施，还应配置脱皮机、自然风干干燥网架或壳果干燥生产线、分级筛、包装贮存设备、检测等设备，以及相应的厂房和储运设施。

（二）种植园地开垦

种植园地的开垦，平地或坡度 5°以下的地块，可采用"十"字法或三角形定标法，株行距各呈直线相互垂直，行向最好南北行向，以利于光照；坡度大于 5°以上的坡地，以等高梯地规划开垦。先根据株行距进行定标，按等高线开挖梯地，梯地带面宽 2~2.5m，成外高内低，但以不积水为度；种植密度应根据选择种植品种和间套种作物选用适宜的株行距，一般株距 4~5m，行距 6~7m，每亩种植 22~24 株，直立型品种可密植，开张型品种可稀植。

1. 开垦时间

要求在定植前 2~3 个月开挖种植穴，使开挖定植穴土壤风化，杀灭土壤虫卵和病菌，植苗木易发根。

2. 种植园开垦

开垦种植园时，要做好水土保持工作。坡度 5°以下的地块，以"十"字法或三角形定标法开垦，株行距各呈直线相互垂直；坡度大于 5°以上的坡地，以等高梯地规划开垦。先根据株行距进行定标，按等高线开挖梯地，梯地带面宽 2~2.5m，梯地修成外高内低，但以不积水为宜。

3. 种植穴开挖标准

按定标株行距要求挖穴口宽、穴深、穴底宽为 80cm×70cm×60cm，挖穴时表土和心土分开堆放。

4. 回穴土

在定植前 1 个月左右回穴土，回土时先回表土层，后回心土，把表土打细碎，捡出杂草、树根、石块，然后拌入腐熟的有机肥 15~20kg 和钙镁磷肥 0.5kg 后回满穴坑，回穴土高出表平面 20cm 为宜，待回土下沉后即可定植。

二、苗木定植

（一）定植苗的选择

由于澳洲坚果苗的培育、嫁接技术性强、难度大，投入成本高，定植苗一般不必自繁自育，只要在苗木嫁接前根据自己所需要的品种及数量向专业育苗单位预先定购。定购时比计划定植数多预定5%~6%的补植备用苗，保证当年定植不缺苗。果园种植的苗木应符合农业部发布的农业行业标准NY/T 454—2001《澳洲坚果种苗》质量要求：选择生长健壮、品种纯正的嫁接苗；嫁接苗根系良好，嫁接口高25~30cm，砧木和接穗亲和性好，嫁接口平滑，二次抽梢已经老熟，接穗上抽生的第1次新梢枝条粗度直径≥0.6cm，整株高≥85cm，选择无病虫害、苗木营养袋完好的袋苗。

（二）定植时间

在每年的6—8月雨季到来时定植，以阴天或小雨天定植为宜，晴天应在16：00时后定植，切忌不宜在大雨天或烈日下定植。如果在大雨天定植回土，土壤易形成胶状板结，不利于根系生长；烈日下定植易造成幼嫩枝叶萎蔫，返青成活慢。

（三）定植方法

定植时应根据高产栽培的定植规划要求，要配置2个以上品种，认真检查定植行的种植品种是否有误，同行或同带定植同1个品种。定植时先在穴中心挖一个25cm深的小坑，把苗放入坑中的营养袋上口部位，要求与穴面水平或略低2cm左右为宜。放苗定植时动作要轻，要剥去塑料袋，切除底部弯根，放苗要挺直，填土时要用手分层回土压实，使土壤与根系接触良好，不能用脚踩踏，以免踩伤根系。定植后浇足定根水，根圈用草覆盖保湿。

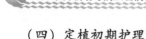

（四）定植初期护理

定植后若遇晴天或干旱天气，必须每天傍晚淋 1 次水直至成活，以后视天气干旱情况淋水；若遇雨水过多，要注意及时排水，保持穴内不能积水。定植成活后及时解除嫁接口处捆扎的塑料薄膜，同时注意清除砧木上的萌生芽。

1. 补苗

补苗应在定植当年内完成，定植结束后及时进行查缺补漏，第一次补苗应在当年 8 月底前进行，第二次补苗应在 9 月底前进行，力争当年补全苗在高温季节成活生长，若翌年还需要补苗的应在雨水来临 6 月底前进行。补植苗一定要用原定植预备的同品种苗木，并要求原定植行的品种要一致。

2. 追肥

定植 1 个月后，萌生新芽时，证明已定植成活，每个月用尿素按每株 20~30g，对水 5~10kg 浇施 1 次。

3. 打顶、防治病、虫害

定植苗生长高度达 1m 后，在 70~80cm 处的叶上部进行打顶，并且及时解除嫁接绑扎薄膜。定植 1~2 年内用 5%特丁硫磷颗粒剂，按每株 10g 施在根茎部位周围 10cm 处防治星天牛和木蠹蛾；若有蚜虫为害可用抗蚜威 1 500~2 000 倍液喷雾防治，粉蚧用融蚧 1 000 倍液喷雾防治。

三、园林管理

（一）中耕除草

定植后要保持果园内无杂草，每年要定期铲除坚果树周围的杂草 2~3 次，隔离带上的杂草要定期砍除，并覆盖到定植坚果树的平台上，每年确保树冠水线内无杂草。果树行间可用化学除草剂防除杂草，每亩用 10%草甘膦水剂 1 000~1 500mL 对水 30~40kg，在杂草 15~20cm 高时喷雾防除；或每亩用 20%百草枯水溶液 200~300mL 对水 30~40kg，在杂草旺长期喷雾防除，省工省力，防除效果好。使用除草剂时，要避免除草剂喷到澳洲坚果树上，防止果树产生药害。

（二）间套种

1. 间种短期作物

间作套种以不影响坚果树生长为前提，短期间种可间种玉米、花生、豆科、瓜类、蔬菜等作物，不仅能以短养长，还可以增加果园的收入和抑制杂草的生长。收获后秸秆还可以还地，以增加土壤有机质，提高土壤肥力。果园短期作物间种的间套种可以持续至坚果树封行为止。

2. 间种经济作物

利用林间空地种植生育期较长的经济作物，如咖啡、砂仁等经济作物。澳洲坚果间种咖啡模式如下所述。

（1）澳洲坚果+咖啡。间种经济作物，适当增大行株距。澳洲坚果间种咖啡行株距为 7m×5m，每亩种澳洲坚果 19 株；或 7m×6m，每亩种澳洲坚果 16 株。咖啡行株距为 2m×1.2m，每亩按每定植 1 株坚果减少 2 株咖啡面积计算，5m×7m 澳洲坚果株行距可间种咖啡 240 株，6m×7m 澳洲坚果株行距可间种咖啡 246 株。

（2）澳洲坚果+阳春砂仁。澳洲坚果间种砂仁行株距为 7m×5m，每亩种澳洲坚果 19 株。澳洲坚果行间开砂仁种植墒宽 1.2m，墒与墒之间留出 40cm 宽走道，便于后期管理和采收。砂仁行株距为 40cm×30cm，每亩（×50%行间利用率）可间种砂仁 2 779 株。

（三）施肥

1. 幼树的施肥

1~3 龄幼树，为了促使幼龄坚果树快速生长，肥料的施用应与枝梢生长物候相结合。幼树的施肥时期一般以一梢施 2 次肥较合理，即促梢肥和壮梢肥。另外，每年可在春梢前和植株生长相对缓慢的7—8月施有机肥或压青。

（1）促梢肥。在萌芽前1周至植株有少量枝梢萌芽时，每株施尿素50~100g促枝梢生长。

（2）壮梢肥。在大部分嫩梢抽生7~10cm长至抽梢基部的新叶由淡绿色变深绿色时，施复合肥和钾肥各60~100g壮梢。

（3）施有机肥。从2年生树开始，每年在春季生长高峰来临前，即春梢前施有机肥。有机肥料必须预先堆沤腐熟，2年生树在树冠滴水线挖环状沟；3年生树挖半圆形沟；4年生树挖沟长达树冠1/3环状沟。挖施肥沟宽和深各30cm，沟的内壁以见到根系为宜，避免大量伤根，挖好施肥沟后，把施入的有机肥与1/2的土拌匀回沟覆盖。

（4）压青。从2年生树开始，每年7—8月在植株生长相对缓慢季节进行压青结合改土。压青方法：在树冠滴水线下挖长1m、宽0.4m、深0.6m的压青坑。坑靠植株一边的内壁以见根为宜，要避免大量伤根，然后用绿肥和预先堆沤腐熟的肥料分层回坑，把施肥沟挖出的心土覆盖在上层做成土墩。

2. 结果树的施肥

进入初结果期以后，施肥则应与开花结果和果实发育的不同阶段补充营养。据南亚热带作物研究所对坚果树年养分变化测定结果显示，按结果树的物候可分为以下5个施肥时期。

（1）花前肥。1—3月果树抽穗开花季节，对氮、磷需求较多。在抽花穗前期施以速效氮为主，配合磷钾肥，以提供抽穗开花时的营养需要，提高开花质量，促进开花结果。施花前肥应该在2月初施入。

（2）谢花肥。4—7月是澳洲坚果树营养生长和生殖生长均十分旺盛的时期，由于2—3月大量开花消耗营养，随之4月进入幼果速长期和抽生春梢，所以谢花后要及时施肥补充营养，施谢花肥以氮、磷、钾复合肥为主，适当增施少量氮肥。谢花肥3月中旬施。

（3）保果壮果肥。由于4月抽春梢及幼果进入快速生长期，大量幼果需从叶片争夺营养，导致叶片氮、磷、钾含量明显下降，由此出现5月初的第一次落果高峰期，5月叶片含氮量降至全年最低值。因此，在4月底增施1次氮、磷、钾复合肥补充营养，可以起到保果壮果作用。到6月，果实进入油分迅速积累期，果实对养分的需求达到最高峰，同时6月底开始大量抽夏梢，导致7月叶片氮、磷、钾含量均明显下降，磷、钾降至全年最低值，而出现第二个落果小高峰。因此，第一次在4月底施，第二次在6月中旬施保果壮果肥。这两次肥的施用，要适当控制氮的用量，以免引起树体营养生长过旺而造成减产。据营养测定，在植株体内营养出现最低值前，提前补充养分，同时注意在结果期避免营养生长过盛，防止营养生长与果实发育产生严重的营养竞争。澳洲坚果果实在6月以前生长增大最迅速，果实大小基本定型，此后是油分积累的过程，所以幼果发育阶段加强保果措施显得较为重要。

（4）果前肥。由于果实油分的积累和抽生枝梢营养消耗大，果树挂果量越大，树体表现的缺肥就越突出，植株叶片色泽已经变为浅绿。因此，这时要增施1次肥料，以保持植株健康生长，减少收获前未成熟果实提前掉落，同时可以提高果仁质量。果树进入收获期后，因果实成熟从树上掉落后定期集中收拣果实，从收获期开始到结束长达1个多月。因此，在收获前补施1次果前肥，既可以补充前期消耗的营养，也可以保证收获季节植株生长的营养需要，避免因收获季过长而造成营养缺乏，导致植株生势的衰退。施果前肥应该在7月底至8月中旬施。

（5）果后肥。由于果实收获季长达1个多月，不便于施肥安排，这期间树体消耗营养量较大，果实收获后随之而来的是营养生长活跃期，加之进行花芽分化亦需要营养。所以，果实收获后，在进行树体修剪前，宜施 1 次果后肥，以便植株迅速恢复生势，以及满足修剪结束后的树体抽梢生长的营养需要。果后肥应在 10 月初施。

除此之外，结果树在春季气温回暖，根系恢复生长，在花穗抽生之前施 1 次有机肥，以腐熟农家肥为主，豆饼和氮、磷、钾复合肥为辅，已堆沤腐熟的有机肥肥效长，提前在抽穗开花前施，可以为开花期和幼果迅速增长期提供养分。同时，有机肥又能改善土壤物理和化学性状。

3. 根外追肥

根外追肥是通过叶片或枝条快速补充某种矿质元素的追肥方式，这是一种经济有效的施肥方法，以叶面喷施为主。根外追肥具有用量小、见效快、利用效率高、可与多种农药混合喷施等优点。在抽梢、开花、果实发育生长时需要消耗大量养分，从根系吸收的养分往往不能满足需要，这时要进行根外施肥。当某些元素在树体的可供数量低于植株获得最高生长量或产量的最低水平时，可通过根外喷施来及时补充不足的养分。叶面喷施浓度：磷酸二氢钾 0.2%~0.3%、尿素 0.2%~0.3%，喷施 2~3 次，可加快叶片转绿、成熟，新梢粗壮。为了使花穗生长良好，可增强抗寒、抗病能力，提高坐果率，在抽穗至盛花期，选用 0.1% 硼砂（硼酸）、0.2%~0.3% 磷酸二氢钾、0.2%~0.3% 尿素喷施，每隔 10~15d 喷施 1 次。

（四）水分管理

澳洲坚果树对水十分敏感，从开花到坚果成熟期都应防止缺水，特别是在 5—8 月坚果充实期，若缺水会严重降低坚果质量。定植后 5 年内的目标是促进快速、连续的营养生长，使其早日投产；缺水则抑制生长，推迟挂果。在年降水量少于 1 000mm，无灌水条件或设施的地区栽种澳洲坚果难度很大。因澳洲坚果需水量大，滴灌尚不能满足其需要，尤其是渗透性强的沙土。多种形式的树下微喷灌则比较合适。

幼树定植后1周内应每天淋水1次，2个月内应每周淋水1~2次，每株15~20kg，第1年内在干旱地区或无雨季节至少每周应淋水1次，每周每株50~60kg。随着树龄增加，灌水量要逐年提高，以灌水后水能达到根层湿润为度。

结果树1年中需水关键期为坐果初期至坚果充实期及秋梢期。5—7月缺水会降低坚果品质，部分原因是干旱导致熟前落果。其余时间应注意观察，嫩叶片萎蔫、成熟叶尖失去光泽或脱落，都可能意味着缺水，要及时灌水。

（五）保花保果

澳洲坚果的花量很大，据统计一株15年生正常生长的坚果树，每年花期均产生约1万个花序，每个花序均为300朵小花，然而只有6%~35%的花坐果，最终只有0.3%~0.4%的花能发育为成熟的果实，所以果实发育期间大量未成熟的果掉落是澳洲坚果正常生长规律。通常在花后3~8周，80%以上初期坐的果都将脱落。大多数澳洲坚果品种都具有自交不育性，而且自花授粉的花穗坐果率极低，再加上每朵花又是雄蕊先熟花（即花药先于柱头老熟），所以多品种种植要比单一品种种植产果量高31%~190%（只有在果园中引入大量蜜蜂传粉，才能提高坐果率实现杂交高产）。

据统计在花后头2周授精而子房没有膨大的花迅速掉落；花后3~8周初始坐果的未成熟小果迅速掉落；花后10周大量未成熟的果逐渐掉落，直至28~30周果成熟。花后10周的落果可能是果实干重增加与油分积累对同化物竞争的结果，因为澳洲坚果果实发育期会成为大量同化物集聚地，同化物从邻近的枝条转移到果实中，支持果实生长，当同化物的转移还不能供应果实发育时，幼果就会因养分供应不足而掉落。温度上升太快时幼果也会掉落，如果日温从 25℃ 上升到 30℃ 时则落果更多。当日温 15℃ 时大多数果实会保留下来，但果实大小不均匀，重量会低于 15~25℃ 的果实。初始坐果 5~6 周树群缺水也会激发大量落果。在果实成熟前 3 个月期间适当的温度对增大果实和产量较为重要。开花、坐果和果实发育要吸收充足的碳水化合物，也需要合理施氮肥，低氮还会造成有结果潜力的枝条数减少。氮肥应采取少量多次施用的方法，使树体能更有效地吸收利用氮肥。花期施硼可提高坐果率，提高产量。

据营养测定，在植株体内营养出现最低值前，提前补充养分，同时注意在结果期避免营养生长过盛，防止营养生长与果实发育产生严重的营养竞争，能对保果起到有效的作用。澳洲坚果果实在 6 月以前生长增大最迅速，果实大小基本定型，此后是油分积累的过程，所以幼果发育阶段加强保果措施显得较为重要。研究表明，单独使用 1mg/kg NAA（萘乙酸）可使澳洲坚果幼果坐果率提高 35% 左右，但单独使用环割来提高坐果率效果不显著，采用摘梢去顶措施没有效果。喷施 0.02% 的硼砂，使用 PP333（多效唑）、B9（比久）均有起到增产的报道。在夏威夷和澳大利亚的果园都采用释放蜜蜂来提高授粉率，对增加产量有较好的效果。尽管这方面的研究很多，但至今未形成一套较完善的办法供大田生产推广应用。

四、果实采收

（一）采前准备

（1）清园。果实成熟脱落前 1~2 周（8 月上旬），必须先清除果园杂草、枯枝落叶和其他障碍物，平整树冠下的地面，把挂果树冠下的地面清扫干净，使成熟掉落的果实方便捡拾干净。

（2）成熟期的判断。澳洲坚果的收获期较长，在云南热区从 8 月中下旬一直持续到 10 月中旬，不同种植区的成熟时间与品种、当地气候有关。成熟的果实外果皮由褐色转变为深褐色，未成熟果内果壳白色或浅褐色，充分成熟的果实顶端开裂，果皮易剥离，内果壳深褐色而坚硬。

（二）采收拾果

澳洲坚果采收期长达 3 个多月，一般以内果皮变深褐色作为成熟标准，但这一标准又很难确定，成熟期不一致，给采收造成了一定的难度。采收的方法分为人工采收和机械振动采收法。人工采收法，果实成熟时，用采果钩把逐个总苞钩落，小规模生产的果园用人工捡拾落果为主，大规模生产的平缓果园可采用机械收拾。成熟初期一般 3~5d 捡拾 1 次果，进入 9 月果实已大部分成熟，就要选择晴天按果实成熟情况集中采收。为确保果仁品质，应尽量缩短收获期，做到及时采收。澳洲坚果采收期雨量较多，为了避免高温高湿和老鼠危害，要求 3~4d 捡拾 1 次。果实捡拾后应及时摊开晾放或去皮，并抢晴天在阳光下晾晒，不能堆放，以免发热使果仁酸败影响品质。用机械脱皮的果实，采收后及时进行脱皮，不能在阳光下晾晒，果实经过晾晒后，果皮丧失水分更难脱皮。

第二节　澳洲坚果主要病害防治

一、炭疽病

炭疽病在植株的叶片、嫩梢和果实上均会发生为害。

【主要症状】

叶片枯黄成黑色斑块状，嫩梢枯死，幼果和果实皮层变黑褐色，后期受害组织上长出黑色近轮纹状分生孢子器。

【防治方法】

（1）疏剪过密枝、丛生枝、弱小分枝、病虫枯枝、交叉枝，修除下垂枝，保持树体通风透光。

（2）药剂防治。可选用 70% 甲基硫菌灵 800~1 000 倍液或 80% 炭疽福美 700~800 倍液进行喷雾，在发病前期也可用硫酸铜：石灰：水＝1：2：200 的波尔多液 0.5%~1% 喷 2~3 次，预防效果好。

二、衰退病

衰退病在澳洲坚果园中常表现为速衰退及慢衰退两种，其外部症状表现为叶片变黄—落叶—枝条回枯—整株死亡，但其致病原因，速衰退及慢衰退不尽相同。

1. 速衰退病

速衰退病在果园内零星发生，特别容易发生在上年结果多、继续挂果的树上。

【主要症状】

起初叶片呈轻度褪绿，随后迅速变成褐色，出现落叶（植株死亡后仍保留大部分死叶），最后整株死亡。从开始发现叶色褪绿到植株死亡仅需 2~3 个月，这种现象被称为澳洲坚果速衰退病。

【防治方法】

（1）对生长弱的植株加强管理，增施有机肥和速效化肥；对当年挂果多的植株要及时补充速效化肥，每株增施腐熟的有机肥 30~40kg。

（2）药剂防治。根据树龄大小，每株用根腐宁半包或 1 包对水 20~25kg 泼浇根部；对难以恢复的病株应及时清除，进行土壤消毒后更换定植。

2. 慢衰退病

【主要症状】

慢衰退病最初在叶片边缘出现烧焦状，伴随着叶片发黄或变成古铜色，接着树顶端叶片脱落，顶端枝条出现回枯，生长 2~3 年后就会整株死亡。

【防治方法】

（1）大树每株施根腐宁 1 包对水 25kg，小树用半包对水 20kg 浇施根幅。

（2）根据树龄大小，每株施有机肥 25~50kg，补施三元复合肥 2~4kg。

（3）覆盖：用杂草、作物秸秆等进行全年覆盖根幅范围，覆盖厚度 8~10cm。

（4）盛产期的结果树，应加强肥水管理，及时整形修剪；挂果多的树可增加施肥量和施肥次数。

（5）补换定植：对长势较差没有利用价值的果树，选用抗病品种及时补换定植。

三、灰霉病

灰霉病为害幼树的新抽嫩叶及花序顶端部位。

【主要症状】

幼树在冬季低温高湿时，新抽的叶片出现细小水浸状斑点，随着病程的发展，病叶整片变黑，在新抽叶面及枝条表面长出一层灰绿色的粉状物，造成新抽叶及枝条枯死。在 1—3 月开花期为害花序顶端，造成花序顶端不能正常生长、顶端干缩。

【防治方法】

用 1% 波尔多液或 50% 代森锌 600 倍液喷雾防治，还可用苯莱特或敌菌丹防治。

四、树干腐烂病

树干腐烂病为真菌病害，在苗圃园和果园均有为害，果园病害大多从苗圃带入发病为害。

【主要症状】

病菌从主干受伤组织侵入后不久，受害部位分泌出暗褐色胶状物，使树干形成层坏死，造成裂口或凹陷。严重时皮层坏死一圈，造成植株枯死。潮湿地区发生较为严重。

【防治方法】

（1）培育无病健康苗木，增强树势，提高抗病力。

（2）刮除染病部位皮层组织，用氧氯化铜药浆涂刷受害部位皮层组织。

（3）苗期喷58%瑞毒霉锰锌800~1 000倍液。

五、花序疫病

花序疫病为真菌病害，主要为害花序，其发病率与温度、湿度有关，温度在18~22℃和相对湿度95%~100%时最有利于发病。

【主要症状】

受害花序部位最初出现小坏死斑，随后很快感染全部花序，花序变为浅黑褐色，枯干不脱落，在潮湿条件下花序上覆盖一层浅灰色菌丝。

【防治方法】

（1）开花前期适当修剪，使树冠通风透光。

（2）药剂防治。选用58%瑞毒霉锰锌800~1 000倍液或64%噁霜灵300~500倍液喷雾防治。

六、果实褐斑病

褐斑病仅为害坚果的外果皮，果实感病后果皮上呈现不规则的病斑。

【主要症状】

发病初期病斑为淡棕褐色，后变为深褐色，病斑形状不规则，发病组织呈木栓化、坚硬、外观粗糙、无光泽。病原菌为黑孢霉属。

【防治方法】

（1）进行疏枝。剪除弱枝、下垂枝、交叉枝，保持树体通风透光。

（2）药剂防治。用 70%甲基硫菌灵 800~1 000 倍液或 80%炭疽福美 700~800 倍液喷雾防治。

此外，近年来澳洲坚果世界各栽培区，包括我国均有成年树"快速枯萎病"的报道。最初特征是叶片轻微褪绿，接着很快变褐枯死，部分叶片在植株枯死前落掉，余下部分叶片残留树上。在广州，这种病只出现在夏末秋初的高温干旱季节，从有可见症状起，2~3d 植株枯死。夏威夷报道该病由侵害茎干的近缘蠹虫和穿孔齿小蠹引起，在根颈部位有被虫蛀后的环缢痕。防治的关键是加强巡园调查，及早发现，及时刮除病部后，用 1kg 水加 200mg IBA（吲哚乙酸）与新鲜牛粪混合涂抹受害部位，进行适当包扎或覆土保湿，促使缢口上部皮层组织产生新根，可以防止植株枯死。

第三节　澳洲坚果主要虫害防治

一、星天牛

【为害特点】

星天牛以幼虫在树干皮下蛀食为主，蛀入木质部后，虫道无规则，有部分碎木屑、粪便推出虫道口，积聚在树皮上或树干基部周围。为害树茎围 20cm 以下时，环绕树干蛀食一圈至数圈，一般不上下蛀食。其次，成虫啮食幼树树干、细枝树皮和叶片。植株在被害当年秋冬季枯死。

【防治方法】

可用石灰浆涂茎基部离地 50cm 以下树干；发现蛀孔，80%敌敌畏乳油用注射器注入 5~10 倍液，用黄泥封口，直接把幼虫杀死。

二、木蠹蛾

【为害特点】

木蠹蛾的幼虫在幼苗叶腋处和成龄树幼嫩的枝丫处蛀入，向上取食，致使小苗枯死，为害成龄树造成上部整枝嫩梢枯黄断裂，植株死亡后幼虫又再次转株为害。

【防治方法】

（1）每次抽嫩梢后巡回检查，剪除被为害的枝条，集中处理烧毁，减少再次转株为害和下一代虫源。

（2）药剂防治。发现木蠹蛾蛀孔，用注射器将药剂注入蛀孔，用黄泥封口。

三、环蛀蝙蛾（旋皮虫）

【为害特点】

主要在 6—9 月为害，以为害幼树为主。以幼虫在地面 3~5cm 处环蛀幼树韧皮部，将其全部吃光，直接切断植株输导组织，被害植株随即枯黄干死。

【防治方法】

用颗粒药剂撒施以树干基部进行防治，药液在地表下 3~5cm 处涂刷树干；也可用 80%甲萘威 800 倍液或 20%氰戊菊酯 2 000~4 000 倍液喷洒树干。

四、蓑蛾类

【为害特点】

主要为害叶片，幼虫将叶片咬成许多小圆孔或取食叶片的表层叶肉。幼虫栖息于用小枝或叶子碎片缀成的密闭的巢内，巢常悬挂于叶片或小枝上，一些幼虫会背着巢爬动取食。该虫的为害常造成枝叶支离破碎、叶片脱落，严重影响坚果树的正常生长。

【防治方法】

可选用90%敌百虫600~800倍液、20%氰戊菊酯2 000~4 000倍液、50%杀螟硫磷1 000~1 500倍液或50%马拉硫磷500~800倍液喷雾防治。

五、绒蚧

【为害特点】

对植株的地上部分均可为害，植株受害后新梢扭曲、发育不良，老叶出现黄斑，严重发生时导致小树整株死亡，结果树受害后产量减少或推迟成熟。

【形态特征与生活习性】

卵椭圆形，0.2mm×0.1mm，产于绒状介壳内，半透明，略显浅粉红色或淡紫色。若虫初孵时柠檬色，其细小的口器刺吸组织汁液，第1次蜕皮后体长0.4mm×0.2mm，然后寻找新的取食点。雌虫喜荫蔽，栖息于叶片的折叠处、叶柄、花芽间、树皮裂口处，导致幼嫩组织皱缩扭曲、生长不良；雄虫则栖息于叶面、树干的荫蔽处和枝条上，导致组织表面布满虫斑。在第2次蜕皮之前，雄若虫裹以绒状介壳，介壳伸展后0.8mm×0.4mm，白色且有3条竖线纹；雄若虫蜕皮后在介壳内化蛹，成虫羽化时橙色。第2龄若虫蜕皮为成虫，雌成虫固着于枝下不活动，交配后虫体迅速膨大成球形介壳状，虫体为0.7mm×1.0mm，白色至黄色，尾部有一微小的排泄孔。

【防治方法】

用40%杀扑磷800~1 000倍液、20%吡虫啉2 000~2 500倍液防治，也可用48%毒死蜱乳油1 000~1 500倍液喷雾防治。

六、粉蚧

【为害特点】

主要为害嫩梢、嫩叶、果柄，受害后叶卷缩变形、落果，排泄的蜜露覆盖在叶片的正反面，形成烟霉病菌侵染后产生一层黑霉，影响叶的光合作用。

【防治方法】

用融蚧或用 5% S-氰戊菊酯 5 000~8 000 倍液等喷雾防治；果实膨大期可用 10%除虫菊素乳油 1 000 倍液防治。

七、半翅目及同翅目害虫

【为害特点】

通过刺吸口器为害枝条的顶芽、花和幼果。为害发育期果实时，使果实变淡褐色，出现坏死凹陷，有的早期脱落。有的害虫混入采收的果实中，降低坚果的商品质量。

【防治方法】

（1）农业防治。加强果园管理，冬季修剪、清园，摘除茧块、卵块、袋蛾等，集中消灭；花期及坐果期用黑光灯诱杀。

（2）生物防治。在果园边缘种植猪屎豆吸收寄生蝇控制椿象；释放寄生蜂（姬蜂、小茧蜂等）及其他捕食性昆虫，如绿蟖、草蛉等防治刺蛾、袋蛾、尺蠖等幼虫。

（3）农药防治。以菊酯类农药为主，如 20%氰戊菊酯 4 000~8 000 倍液、5% S-氰戊菊酯 5 000~10 000 倍液、10%氯氰菊酯 2 000~4 000 倍液喷雾防治。花期及坐果期用黑光灯诱杀，果实膨大期可用 10%除虫菊素乳油 1 000 倍液喷雾防治，并与非菊酯类农药交替使用。

第六章 脐橙栽培与病虫害防治技术

第一节 脐橙栽培技术

一、选地建园

(一) 园地选择

选择向阳、附近无污染源、坡度 25°以下，海拔 250~400m 的山地，排水性能好、土层深厚、湿润，有机质含量高的微酸性土壤。

(二) 整地、挖穴、施基肥

统一规划，按等高线挖筑梯田，梯台宽度 2.5~3m，挖长、宽、深 80cm×80cm×80cm 的穴，株行距 (2~3) m×4m，每亩 55~80 株。基肥：每穴分层埋入稻草、绿肥 20~25kg，"海状元 818"海藻有机肥 10~15kg，"海状元 818"海藻微生物菌肥 1.5~2kg，过磷酸钙 2kg。施肥后覆土高出地面 20~25cm 为定植土墩。

二、土肥水管理

(一) 土壤管理

1. 套种绿肥、改良土壤

山地丘陵多为红壤、黄壤和紫砂土壤，土质黏、酸、瘦，通透性、保水性差，有机质含量少。因此，脐橙园套种绿肥可以起到改良土壤结构，持续提高土壤有机质及肥力，减少化肥投入；防止水土流失，保肥、保水、抗旱；调节气温，促进脐橙维持正常的生理活动；促进脐橙生长，显著提高果品产量和品质；吸引大量天敌，提高脐橙园生物防治能力，减轻病虫为害和减少农药使用量的效果。方法是在彻底除尽田间杂草后，树盘外人工种植适应性强、鲜草量大、矮秆、浅根性，有利于害虫天敌滋生繁殖的草种（如百花三叶草、花生草、黑麦草、人字草等）；或在清除脐橙园杂草时，主要间掉恶性杂草（如狗牙根、茅草、香附子等），而在树盘外蓄留自然良性杂草（如蒲公英、狗尾草、藿香蓟等）。幼龄脐橙园，树冠小，可利用行间套种经济作物（如花生、豆科类、紫云英、肥田萝卜等），不宜套种烟叶、玉米、西瓜、甘薯等高秆和藤本类作物。

2. 扩穴改土

通常定植 3 年后每年都进行扩穴改土，扩穴改土的方法是沿定植沟或上一次扩穴沟外侧向外深翻，要求不留隔墙，见根即可，避免损伤过多须根；扩穴沟宽 50~60cm，深 60~80cm；扩穴回填改土材料时，建议每株施粗有机肥（如绿肥、杂草、秸秆等）20~35kg+"海状元818"海藻有机肥 5~8kg+"海状元818"海藻有机无机复混肥（12-6-12）2~4kg+"海状元818"海藻微生物菌肥 0.5~1kg+过磷酸钙 1~1.5kg。要求粗肥在下，精肥在上，土肥拌匀，回填后及时浇水。

扩穴的时间与基肥施入相结合，投产园一般都在 9—11 月秋梢老熟后进行；未结果幼龄脐橙园，春梢老熟后至 11 月中旬均可进行。

（二）施肥管理

1. 幼树施肥

（1）当年定植幼树施肥。当年定植的幼树，以保成活、长树为主要目的，但根系又不发达。施肥方法上多采用勤施薄施，少量多次。从定植成活后半个月开始，至 8 月中旬为止，每隔 10~15d 追施一次每株施"海状元 818"海藻膏状肥 100~150 倍液+"海状元 818"海藻生根剂 600~800 倍液混合液 20kg，秋冬季节适当重施一次基肥。

（2）结果前幼树施肥。2~3 龄的幼树采用勤施薄施，以氮肥为主，配合磷、钾肥的原则。全年施肥 6~8 次，氮、磷、钾比例 1：（0.25~0.3）：0.5。

春、夏、秋梢抽生前 10~15d 或春、夏、秋梢抽生后 10~15d 各一次促梢肥，每株施"海状元 818"海藻有机肥 0.25~0.5kg+"海状元 818"海藻有机无机复混肥（12-6-12）0.2~0.3kg+"海状元 818"海藻微生物菌肥 0.1~0.15kg。

每次新梢自剪后，追施 1~2 次壮梢肥，每株施"海状元 818"海藻有机无机复混肥（12-6-12）0.15~0.2kg。随着树龄增大，逐年加大施肥量。对来年挂果树，适当增施磷、钾肥，同时配合根外追肥，8 月下旬以后停止施用速效氮肥。

秋冬季节深施一次基肥。每株深施"海状元 818"海藻有机肥 2~3kg+"海状元 818"海藻有机无机复混肥（12-6-12）0.2~0.3kg+"海状元 818"海藻微生物菌肥 0.2~0.3kg+过磷酸钙 0.5~1kg。

2. 初果树的施肥

处于（4~6 龄）初果期的脐橙树，既要继续扩大树冠，又要有一定产量，其结果母枝以早秋梢为主，因此施肥要以壮果攻秋梢肥为重点，施肥量随树龄和结果量的增加而逐年增加。

（1）春芽肥。2 月上中旬，每株施"海状元 818"海藻复混肥（30-0-5）0.2~0.3kg+"海状元 818"海藻有机无机复混肥（12-6-12）0.2~0.4kg。

（2）壮果攻秋梢肥。6 月中下旬，每株施"海状元 818"海藻有机肥 2~3kg+"海状元 818"海藻复混肥（16-8-18）0.5~

1kg＋"海状元818"海藻微生物菌肥 0.2～0.3kg＋过磷酸钙 0.5～1kg。

（3）基肥。9～10月，结合扩穴改土，实行冬肥秋施，每株施粗有机肥 20～25kg＋"海状元818"海藻有机肥 5～6kg＋"海状元818"海藻有机无机复混肥（12－6－12）2～2.5kg＋"海状元818"海藻微生物菌肥 0.5kg＋过磷酸钙 0.5～1kg。

（4）采果肥。采果后，每株施"海状元818"海藻膏状肥 100～150 倍液 30～40kg。

3. 盛果树的施肥

脐橙进入（7 龄以上）结果盛期，营养生长与生殖生长达到相对平衡。其结果母枝以春梢为主，因此施肥要着重春芽肥和壮果肥，适施采果肥，并及时补充微量元素。

（1）春芽肥。2月中下旬，每株施"海状元818"生物有机肥 1.5～2kg＋"海状元818"海藻有机无机复混肥（12－6－12）0.5～1kg＋过磷酸钙 0.3～0.5kg。

（2）壮果肥。6月中下旬，每株施"海状元818"生物有机肥 4～6kg＋"海状元818"海藻有机无机复混肥（16－8－18）0.5～1kg＋"海状元818"海藻可乐钾 0.3～0.5kg。

（3）基肥。9—10月，结合扩穴改土，实行冬肥秋施，每株施粗有机肥（如绿肥、杂草、秸秆等）30～35kg＋"海状元818"海藻有机肥 6～8kg＋"海状元818"海藻有机无机复混肥（12－6－12）3～4kg＋"海状元818"海藻微生物菌肥 0.5～1kg＋过磷酸钙 1～1.5kg。

（4）采果肥。采果后，每株施"海状元818"生物有机肥 1～1.5kg＋"海状元818"海藻有机无机复混肥（12－6－12）0.5～1kg＋过磷酸钙 0.5kg。

4. 施肥方法

（1）条状沟施。在树冠滴水线外缘，于相对两侧开条状施肥沟，将肥、土拌匀施入沟内，每次更换位置。

（2）环状沟施。沿树冠滴水线外缘相对两侧开环状施肥沟，将肥、土拌匀施入沟内，每次更换位置。

（3）放射状沟施。在树冠投影范围内距树干一定距离处开始，向外开挖 4～6 条内浅外深、呈放射状的施肥沟，将肥、土拌匀施于沟内，每次更换位置。

（4）穴状施肥。在树冠投影范围内挖若干施肥穴，将肥、土拌匀施于穴内，每次更换位置。

（5）树盘撒施。春夏多雨季节，在降雨前（或雨后立即）可采用树盘撒施追肥。撒施肥料应做到少量多次，不宜一次过多，以免雨量大时流失严重；肥料要撒施均匀，不能集中一处，特别是不能距树蔸部位太近；撒施时注意肥料不要撒到枝叶上；幼龄脐橙树撒施肥料前后，最好能适当疏松树盘，防止表土板结。

（6）水肥浇施。用"海状元 818"海藻膏状肥或"海状元 818"海藻可乐钾对水 150 倍左右稀释后，浇施于树冠范围内。为防止根系上浮，成年大树每次水肥浇施量不少于 30kg，幼树浇透为止。为减少水肥流失、使水肥能够深入渗透，也可于树冠滴水线外缘两侧开挖深 15～20cm 的条状或环状沟，水肥浇入沟内，待其完全下渗后，覆一层薄土减少蒸发，如此多次后，最终将施肥沟完全填满。

5. 根外追肥

（1）在脐橙谢花 2/3～3/4 时，使用"海状元 818"花果丰 800 倍液+"澳洛珈"高钾海藻精 1 500 倍液+"海状元 818"植物卫士 800 倍液叶面喷施 1 次。花量小的年份或树，可考虑提前到谢花 1/2 时喷施。

（2）脐橙谢花后 7d 或幼果期，使用"海状元 818"稀土钙 800 倍液+"澳洛珈"高钾海藻精 1 500 倍液+"海状元 818"植物卫士 800 倍液叶面喷施 1 次。

（3）第二次生理落果后，使用"海状元 818"花果丰 800 倍液＋"海状元 818"果俩好 800 倍液＋"海状元 818"植物卫士 800 倍液叶面喷施 1 次，以后每隔 15~20d 喷 1 次，连喷 2~3 次。

（三）水分管理

1. 灌溉

在脐橙春梢萌动及开花期（3—5 月）和果实膨大期（7—10 月）对水分敏感，此期若发生干旱应及时灌溉。每次灌溉时必须浇透，浇水量太少，起不到应有的作用，反而增加了管理成本。成年结果树每次每株浇水量不少于 100kg，每 10~15d 浇水 1 次。盛夏及秋、冬季干旱少雨季节，应在覆盖、浅耕等保水抗旱基础上，及时进行果园灌溉，以利壮果促销，防止裂果。

果实采收前 15~20d，除特别干旱需适当灌水外，严禁灌水，防止降低脐橙果实的糖度和贮藏性能。

此外，在冬季低温霜冻来临前应及时灌水，以提高土温，减轻冻害。

2. 排水

春季和初夏多雨季节，要及时开沟排水，防止果园积水，预防因积水致使根系长期处于缺氧状态，造成烂根和诱发脚腐病。

三、整形与修剪

（一）整形修剪原则

1. 透光性

骨干枝相互间隔宜宽，力求侧枝不相互接触；树冠外围各处适当疏去部分大枝，留足透光入内的空隙，将阳光导入内膛，相应增大结果容积。

2. 均衡性

维持侧枝生长的均衡，避免各枝组强弱不均而造成结果量减少；保持旧叶、新叶和花的比例为 2∶3∶2，保证结果率；调控叶果比，避免出现大小年结果现象。

（二）修剪时期

1. 冬季修剪

主要是在采果后至翌年春芽萌发前进行修剪。霜冻严重的地区，为预防冻害应尽量多留老叶过冬，修剪期在立春前后进行为宜。

2. 春季修剪

主要是在花蕾期为调控旧叶、新叶、花的比例进行修剪。

3. 夏季修剪

主要是在春梢老熟后至秋梢抽生前后修剪。

（三）修剪技术及效果

1. 短截

对新梢或多年生枝将其剪去一段的修剪方法。通常对当年生新梢短截，可以促进分枝，降低分枝高度，增强树势；对多年生枝进行短截，因降低了发梢部位的分枝级数，使所抽生新梢更加强旺。

2. 疏剪

将新梢、多年生枝或枝组，从其基部分枝处剪去。疏剪可减少树体总枝量，有利于缓和生长势，促进开花结果。

3. 回缩

将一个大枝组疏剪去前端衰弱部分，再对剪口强枝进行中度短截。通过回缩处理，促进剪口枝的营养生长，使原来已趋于衰退的枝组更新为一个生长势强壮的新枝组。

4. 抹芽放梢

当脐橙芽零星萌发时，将其抹除，连续 2~3 次，待到更多的芽发育成熟后，再任其整齐统一抽生出大量新梢。

5. 摘心

生长季节将未停止生长的新梢顶端一段摘除，实际上是在生长季节进行的极轻度短截。

6. 撑、拉、吊枝

通过施加外力，改变新梢、大枝的生长方向或着生角度，达到调整生长势和分布空间的目的。

（四）幼年树的整形与修剪

1. 整形方法

一般树形采用开心自然圆形。即通过高位定干整形，培养主干高度40cm左右（平地、缓坡地可适当高些，40~60cm）；培养3~4个主枝，主枝分布要均匀，不上下重叠，间距10~20cm；9~12个副主枝（即每个主枝培养3~4个副主枝）树形结构。

2. 修剪方法

整个幼树时期的修剪，除短截主枝、副主枝的延长枝外，应尽量轻剪，同时，除对过密枝群作适当疏删外，尽量以摘心、抹芽放梢等手段来代替短截与疏剪。

（五）初结果树修剪

初结果树的修剪，主要是短截各级骨干枝（主枝、副主枝）的延长枝，抹除夏梢，促发健壮秋梢。对过长的营养枝留8~10片叶及时摘心，回缩或短截结果后的枝组。抽生较多夏、秋梢营养枝时，可短截1/3生长势较强的枝，疏去1/3较弱枝，保留1/3的中庸枝。

通常采取"两促（促春梢和早秋梢），两控（控夏梢和晚秋梢）"技术。

（六）盛果期大树修剪

盛果期大树的修剪，主要是回缩结果枝组，落花落果枝组和衰退枝组，剪除枯枝、病虫枝，及时更新侧枝、枝组和小枝。对较拥挤的骨干枝适当疏剪开"天窗"，使树冠通风透光。对当年抽生的秋梢实行"三三制"处理（即短强、留中、去弱），保持抽梢和结果的相对平衡，防止大小年结果。

（七）衰老树更新修剪

当树冠各部大多数枝组均变为衰弱枝组时，需要进行一次全面更新。

1. 枝组更新

将树冠外围的衰弱枝组都进行短截，保留较强或中庸枝组。尽量保留有叶枝，使之迅速恢复树势。

2. 露骨更新

对树势极为衰弱和叶片大部分脱落的树，锯除不符合整形要求的主枝、副主枝。短截所有保留的侧枝的枝组。对抽生的新梢及时摘心，促发分枝，使之迅速形成新的树冠。

3. 更新时期

老树更新修剪必须在早春萌芽前进行，同时要用接蜡保护剪口、锯口并进行树干涂白。春季萌芽后要注意新梢的保护和整形。

四、疏枝、疏花、疏果

脐橙树的花量多少与树势的强弱有着较大的关系。一般树势较弱的花量多，强旺树花量偏少，中庸树花量适中。据相关试验表明，弱树的花量约为2万朵，坐果率约为0.4%，果实数为80个，果实偏小；强旺树的花量约为2 000朵，坐果率为1.8%，果实数为36个，果实偏大；中庸树花量约为5 000朵，坐果率为2.8%，果实数为140个，果实中等适中。因此，疏花疏果总的原则是：不同树势采取不同的方法，多花多疏，少花少疏，强旺树不疏，中庸树不疏或少疏。具体方法如下。

（一）冬季疏枝

冬季疏枝一般在采果后至萌芽前期间进行，如果时间来不及，也可以在花期进行。

（1）疏剪落叶枝。疏除全部落叶春梢，短截外围落叶秋梢。

（2）疏除弱细枝。疏除长度小于5cm的弱梢枝。

（3）疏除密群枝。对过密的群枝采取三除一、五除二的方法，如果群枝都较强旺，则疏掉最强枝；如果群枝都是弱枝，则疏去掉最弱的枝。

（4）回缩结果枝组。对中下部结果枝组剪除落花落果枝、果蒂枝、弱春梢，留中庸骑背春梢回缩。

（5）疏大枝。对过密拥挤大枝，依据情况可从基部或留春梢结果母枝处剪除，以疏通内膛空间为原则。

（二）花期疏花

疏花时间一般在现蕾后到谢花前进行。只要方便操作，越早越好。疏花主要针对花量过大的脐橙树，及时疏除无叶花序枝、无叶单花枝细弱花枝、密生花枝等，保留有叶单花枝和有叶花序枝。对于树冠内膛中庸枝上的无叶单花，具有一定坐果能力，应适当保留。初结果树也应通过疏花减少花量，防止结果过多，早衰造成"小老树"。

（三）疏果

疏果分2~3次完成，不能一步到位。第一次疏果宜早，一般在第二次生理落果结束后的6月中旬，对坐果太多的脐橙树要及时进行疏果，按照"疏密留稀、留优去劣"的原则，疏去小果、畸形果、病虫果、密生果、机械损伤果及发育僵化果等。对于春季花量大、新梢极少的树，疏果量宜大些，以果换梢，增加新叶比例，利于恢复树势。第二次疏果在7月中下旬结合短截放梢进行，主要疏去小果、畸形果、病早果及日灼果、明显粗皮的单顶果等。第三次疏果在9月上中旬进行，主要疏除小果、畸形果、裂果、日灼果、病虫果等。通常盛果期每亩产量控制在3 000kg左右。

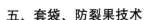

五、套袋、防裂果技术

（一）套袋

脐橙套袋能有效防止脐黄裂果、日灼果和网纹果的产生。一般选用柑橘专用纸袋，单层白色半透明，规格为 19cm×15cm。套袋时期为第二次生理落果后；除袋时期可与果实采收同时进行。

（二）防裂果

脐橙膨大期裂果较严重，尤其是朋娜脐橙，裂果率通常为 20%左右，严重时可达 50%以上。防治措施：①均衡供水，减少土壤干湿差，特别是久旱不雨时，要及时灌水或喷水，改善果园小气候，提高空气相对湿度，避免果皮过分干燥和果肉水分变化太大而引起裂果。②树盘或行间覆盖秸秆等，增强果园抗旱保水能力，调节温度。③及时防治病虫害，特别要注意防治介壳虫和锈壁虱的为害。④在第二次生理落果前后的 6 月上旬和下旬，果实套袋前，分别喷施 1 次"海状元 818"花果丰 800 倍液＋"海状元 818"植物卫士 800 倍液，防裂保果效果明显。

第二节　脐橙主要病害防治

一、柑橘溃疡病

柑橘溃疡病是脐橙较易发生、为害性较大的一种细菌性病害，为国内外植物检疫对象。

【主要症状】

溃疡病能为害幼嫩叶片、枝梢和果实。叶片发病初期在叶背出现淡黄色针尖大小的油浸状斑点，之后病斑逐渐扩大，转为黄色至暗黄色，并在同一病斑处穿透叶片正反两面同时隆起，一般背面隆起比正面更加明显，继而病斑中央呈火山口状裂开，最后病斑呈木栓化，灰褐色，近圆形，周围有油渍状晕环。枝梢和果实的症状与叶片相似。叶片感病严重时造成大量落叶，枝梢枯死；果实感病严重时造成落果、裂果。

【发生规律】

病菌在病组织内越冬，翌年新梢抽生和幼果形成时，越冬病菌借风雨、昆虫、枝叶接触和器具传播，由气孔、皮孔和伤口侵入。发病时间为4—10月，每次新梢都可能遭受为害。

【防治方法】

（1）禁止从病区调入苗木、种子、接穗，凡外来苗木、种子、接穗需严格消毒。

（2）及时砍除烧毁病株，彻底清除病源，并进行土壤消毒。

（3）夏、秋梢抽生期，应特别注意防治柑橘潜叶蛾。

（4）做好冬季清园工作，收集落叶、落果和枯枝，集中烧毁。

（5）春梢自剪转色期喷施1次"海状元818"植物卫士800倍液；夏、秋梢伸长到5~7cm时开始，喷施"海状元818"植物卫士800倍液+"海状元818"菌毒煞800倍液或菌多清800~1 000倍液，每隔7d喷1次，每次梢喷施2~3次；幼果期开始，喷施"海状元818"植物卫士800倍液+4%春雷霉素600~800倍液，每隔10~15d喷1次，连喷3~4次。

二、柑橘黄龙病

【主要症状】

初期病树表现为黄梢和叶片斑驳型黄化两种类型。感病植株枝梢老熟后，从叶片基部、边缘逐渐褪绿，不均匀黄化、变硬，形成黄绿相间的斑驳状，最后全叶黄化脱落。在具均匀黄化叶或斑驳黄化叶的枝条上抽生的新梢，叶片一般呈缺素状花叶。被害植株长势衰弱，枝梢变细、变短，后期病树出现烂根，开花多而早，落花落果严重；果型小，色青或畸形，成熟时着色不均匀，产量锐减，严重者丧失结果能力。

【发生规律】

病原主要通过接穗、苗木和虫媒木虱传播。气候条件对该病的发生没有影响，但可影响传病虫媒柑橘木虱的发生。

【防治方法】

（1）严格检疫，禁止从病区引进苗木、接穗；建立无病毒苗圃，繁育无病毒苗木。

（2）挖除病株，杜绝病原。

（3）防治传病虫媒柑橘木虱。

三、柑橘炭疽病

【主要症状】

脐橙发生炭疽病后，容易造成落叶、落果、枯梢、裂果和果实滞育，使树势衰弱，产量降低，甚至整株死亡。贮藏期间还会引起果实腐烂。叶片多在叶尖和边缘发病，病斑近圆形或不规则形，中央灰白色或淡褐色，密生黑色小点，边缘黄褐色。枝梢病部淡褐色，发病后由上而下逐渐枯死。病斑上也有黑色小点，天气潮湿时，会出现粉红色霉状物。果实发病多在蒂部，形态不一，有暗褐色斑块。干燥时病部黄褐色，稍稍凹陷，病斑分界明显，湿度大时则会全果腐烂。

【发生规律】

在高温多湿和连续阴雨天气的情况下容易发生，一般缺肥、偏施氮肥、排水不良、受旱、受冻的树容易感染。普通型在春梢生长后期开始发病，夏秋梢发病较多；急性型多在雨后高温季节发病；落叶型一般发生在2—5月和10—12月，以4—5月和10—11月发病最重。

【防治方法】

（1）加强管理。合理施肥，合理排灌，以增强树势，提高抗病能力。

（2）注意清园。结合修剪，剪去病枝病叶，随时捡拾落果，消灭病源。

（3）5—10月，可选择喷施50%甲基硫菌灵可湿性粉剂500倍液、80%炭疽福美可湿性粉剂800倍液、36%甲基硫菌灵悬浮剂600倍液、35%溴菌腈·多菌灵可湿性粉剂750倍液、25%阿米西达可湿性粉剂1 000倍液，间隔15d喷1次。

四、柑橘脚腐病

【主要症状】

在脐橙的根、茎部位发病，发病时皮层腐烂变褐色，有一股酒糟臭味，病部会流出胶液。气候温暖潮湿时，病部蔓延迅速，向上蔓延到主干下半部，向下蔓延到根部，围绕根颈一圈而腐烂。气候干燥时，发病部位开裂变硬，蔓延较慢或停止扩展。被害脐橙树生长不良，部分大枝或全株叶片发黄变小，严重时整株死亡。

【发生规律】

脐橙在柑橘类果树中属于比较容易感病的品种。环境条件对脚腐病的发生起着极重要的作用。一般高温多雨季节最易发病；土质比较黏重、排水不良或土壤中含水量过高的脐橙园比较严重；由于病虫或其他原因使主干基部有伤口的脐橙树，也容易感染脚腐病。

【防治方法】

对脚腐病要以预防为主，并采取综合防治措施进行防治。

（1）选用较抗病的砧木，如枳壳、红橘等。提高嫁接高度（离地面15cm左右处嫁接）。

（2）加强栽培管理，注意开沟排水，防止长期积水；栽树不要过深。嫁接口要露出地面，防止主干受伤。

（3）脐橙一旦发病，要将根颈部分的土扒开，刮掉或切除烂皮烂根，然后用桐油拌代森锌（200g/kg）或3%硫酸铜溶液、石硫合剂等涂在伤口，另换上新土。

五、柑橘衰退病

【主要症状】

发病后，上部新叶主脉附近绿色，脉间叶肉黄色，类似缺锌症状。随着病情的发展，叶片主脉附近亦褪绿而均匀黄化，不久即脱落。病枝从顶部向下枯死。病树一般是比较缓慢凋萎，有时病树的叶片突然萎蔫，干挂树上，严重时整株枯死，这种情形又称速衰病。在地上部发病之前，细根先腐烂，后来大根也逐渐腐烂。

【发病规律】

通过带病的苗木、接穗和蚜虫传播。

【防治方法】

（1）严格实施植物检疫，防止致病力强的新株系传入。

（2）选用耐病砧木，如枳、枳橙、红橘等，建立无病害苗圃。

（3）及时挖除病株，杜绝病源。

（4）加强对传病虫媒蚜虫的防治。

第三节　脐橙主要虫害防治

一、柑橘红蜘蛛

【为害特点】

主要为害叶片、果实和枝条，严重时能引起大量落叶、落果，影响树势和产量。被红蜘蛛为害的叶片、果实，正面出现苍白色小斑点，以后全叶斑白，失去光泽，极易脱落。红蜘蛛虽小，但繁殖起来却又多又快，有时一片叶子竟有几百头。

【防治方法】

（1）保护利用天敌。园内多种藿香蓟、豆科绿肥作物等天敌寄主，减少广谱性、残效期长、高毒农药的使用。

（2）冬季清园采果后用1波美度的石硫合剂清园，开春前可再喷1次5%噻螨酮2 000倍液+73%炔螨特1 500倍液或95%机油乳剂100~150倍液。

（3）每隔3~5d检查虫情，春季防治指标为百叶成螨超过300~400头、秋季防治指标为每百叶超过600头时，可选择喷施0.3%印楝素乳油3 500~7 000倍液、73%炔螨特乳油2 500~3 000倍液（注意，在嫩梢期间使用易造成叶片失绿）、5%噻螨酮乳油2 000倍液、50%苯丁锡可湿性粉剂2 000倍液进行防治，轮换用药，防止产生抗药性。

二、柑橘蚧壳虫

【为害特点】

介壳虫的种类很多，为害柑橘的介壳虫不下几十种。比较普遍的主要有矢尖蚧、糠片蚧和红圆蚧3种。但不管是哪种介壳虫，都是若虫、成虫用针一样的口器刺入脐橙的叶片、枝条、果实等组织，吸取汁液。叶片被害后，变黄脱落；枝条被害后，表面十分粗糙，最后枯死；果实被害后，果面斑斑点点，不能正常着色，果皮干缩，汁少，风味淡。被害植株树势衰弱容易诱发烟煤病，严重时会导致植株枯萎死亡。

【防治方法】

（1）保护利用天敌。介壳虫的天敌很多，保护利用天敌是控制介壳虫的主要措施。

（2）结合修剪，尤其是冬季清园，剪去带虫枝叶，集中烧毁。

（3）把握时机用药防治。重点抓住第一代孵化高峰时进行防治。喷施48%毒死蜱乳油800~1 000倍液，每间隔10~15d喷1次，连喷2~3次。

三、柑橘潜叶蛾

【为害特点】

潜叶蛾是一种很小的蛾类害虫，以幼虫潜叶为害。幼虫钻进叶片表皮，取食叶肉，被害叶片形成许多弯弯曲曲的银白色虫道，使叶片卷曲，叶片表皮被害叶片卷曲脱落。一般夏、秋梢抽发时受害最重。

【防治方法】

（1）注意冬季清园，剪除被害叶、梢，减少来年虫源。

（2）在夏秋梢期间，摘除零星抽生新芽，统一放梢，使抽梢整齐划一，减轻潜叶蛾的为害。

（3）夏、秋梢抽生期间，在嫩芽抽生1~1.5cm长时，立即选择喷施10%二氯苯醚菊酯2 000~3 000倍液、2.5%溴氰菊酯2 500倍液、25%杀虫双水剂500倍液、25%西维因可湿性粉剂500~1 000倍液、5%吡虫啉乳油1 500倍液。每隔7~10d喷1次，连续喷3~4次。

四、柑橘粉虱

【为害特点】

主要以若虫密集于叶背吸食为害，并排泄蜜露，诱发烟煤病，使枝条、叶片、果实表面覆盖一层厚厚的黑霉，影响树体光合作用及果品质量，为害严重时造成枝叶枯死脱落，削弱树势。

【防治方法】

（1）加强养护管理，确保通风透光。

（2）保护和利用天敌昆虫，例如，利用刀角瓢虫捕食柑橘粉虱。

（3）卵孵化期，可选择喷施24%灭多威可溶液剂800~1 500倍液、25%喹硫磷乳油500~1 000倍液、2.5%溴氰菊酯或10%二氯苯醚菊酯2 000~3 000倍液，每隔7~10d喷1次，连续喷3~4次。

五、柑橘吸果夜蛾

【为害特点】

吸果夜蛾成虫以口器刺吸果实，留下针刺状取食痕，2~3d后开始腐烂，最后导致果实受害腐烂、脱落。

【防治方法】

（1）丘陵、山地新辟脐橙园，应尽可能连片开发种植，园内不要混栽其他早熟的柑橘品种或多种果树。将果园周围1km范围内的木防己、汉防己清除，可减轻为害。

（2）进行果实套袋；利用吸果夜蛾的趋光性，安装使用频振式杀虫灯，诱杀成虫；树冠悬挂香茅油或樟脑丸，有一定的驱避作用。

（3）糖醋液、烂果汁诱杀：按食糖8%、食醋1%、敌百虫0.2%配成糖醋液（也可用烂果汁加少许白酒代替食糖）。注意经常更换糖醋液。

（4）8月下旬开始，树冠选择喷施50%丙溴磷乳油1 000~1 500倍液、5.7%氟氯氰菊酯乳油1 500~2 000倍液防治，连喷2~3次，采前一个月停用。

第七章　杨梅栽培与病虫害防治技术

第一节　杨梅栽培技术

一、育苗栽植

杨梅苗木繁育主要采用嫁接繁殖的方法。常使用切接、皮下接、劈接、嵌接或腹接等方法。嫁接时期因地区不同而异，一般在 2 月上中旬至 3 月中下旬进行。

杨梅分春植与秋植。春植在 2 月上旬至 3 月下旬，秋植在 10 月上旬至 11 月上旬。一般以春植为宜，此时气温逐渐回升，有利于根系的恢复和生长，雨水多，成活率比秋植高。

杨梅树冠较大，栽植时不宜过密，应根据品种、气候、土壤肥力及栽培管理措施来确定栽植密度，一般株行距为 4m×5m、5m×6m 或 3.5m×4.5m。

杨梅雌雄异株，栽植时须配置授粉树，授粉树比例以 0.5%～1% 为宜，其栽植应选择位置稍高处，以扩大传粉范围。

二、整形修剪

（一）常见树形

杨梅树形有自然圆头形、自然开心形和主干形等几种。主干形是定植后，留干高 60～70cm 修剪。其上发生的枝条为主干的延长枝，其下留 3~4 个作主枝，向四周开张，删除过多强枝。第二年在主干顶端延长枝上长度 60cm 左右进行短截，在主干延长枝以下选择 3~4 个斜生枝做主枝。第三年和第四年也同样进行，树干逐年上升，依次选留。全树共有 12~17 个主枝有层次地展开。

（二）修剪

杨梅在生长期、休眠期均进行修剪。生长期修剪是在萌芽后至秋梢停止生长之前进行，主要是调整树体结构，减少无效消耗，改善通风透光条件，避免枝条郁闭，减少病虫为害，实现均衡生长与结果。休眠期修剪是在当年秋梢停止生长之后至翌年春梢萌芽之前进行，一般在 10 月中下旬至翌年 3 月中下旬进行。

三、花果管理

（一）疏花疏果

1. 短截结果枝疏花

一般于 2 月至 3 月中旬，对花芽分化过多的大年树，全树均匀地短截 1/5~2/5 结果枝，并疏除细弱、密生结果枝，同时每株施尿素 0.5~1.0kg，促发营养枝。

2. 化学疏花

对大年树可在盛花期使用"疏 5"200 倍液或"疏 6"100mg/kg 液疏花，疏花量可达 30%~50%，还能增大果实，提早成熟和增加优质果率。对于弱树或小年树（预计来年为大年树），也可在果实采收后喷布 200~300mg/kg 赤霉素，每隔 10d 喷 1 次，喷 2~3 次，以增加秋梢数和抑制花芽形成率。

3. 人工疏果

疏果是克服杨梅结果大小年最有效和最简单的手段之一。但人工疏果费工极多，尚未在产区全面推行。可在盛花后 40~45d，即 6 月上旬果实发育期前定果，长果枝留 3~4 果，中果枝留 2~3

果，短果枝留 1 果。

（二）保花保果

通过人工辅助授粉、合理施肥、合理灌水、修剪控长等措施来进行保花保果。也可于盛花期或谢花期对树冠喷布 15～30mg/kg 赤霉素 1 次，一般可提高坐果率 20%～30%。

第二节　杨梅主要病害防治

一、杨梅褐斑病

【主要症状】

叶片受害，初期在叶面上出现针头大小的紫红色小点，以后逐渐扩大为圆形或不规则形病斑，中央呈浅红褐色或灰白色，边缘褐色，直径 4～8mm。后期在病斑中央长出黑色小点，是病菌的子囊果。当叶片上有较多病斑时，病叶即干枯脱落。受害严重时全树叶片落光，仅剩秃枝，直接影响树势、产量和品质。

【发生规律】

病菌以子囊果在落叶或树上的病叶中越冬，翌年 4 月底至 5 月初，子囊果内的子囊孢子成熟，下雨后释放出来的子囊孢子借风雨传播蔓延。8 月下旬出现新病斑，9—10 月病情加剧，并开始大量落叶。该病一年发生 1 次，病菌在自然条件下，尚未发现无性孢子，但在 PDA 培养基上很容易产生。土壤瘠薄、树势衰弱、5—6 月阴雨天多、排水不良的果园发病重。

【防治方法】

（1）新种植杨梅，尽量选择排水良好、光照充足的山地。种后加强管理，增施有机肥和钾肥。春季剪除枯枝，扫除落叶，减少病害传染源。

（2）5 月下旬，果实采后喷 1 次 0.5% 波尔多液，隔 15d 喷

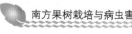

1 次70%甲基硫菌灵可湿性粉剂 800 倍液。

二、杨梅根腐病

【主要症状】

（1）急性青枯型。病树初期症状不甚明显，仅在树体枯死前 2 个月有所表现，主要是叶色褪绿、失去光泽，树冠基部部分叶片变褐脱落。如遇高温天气，树冠顶部部分枝梢出现失水萎蔫，但次日清晨又能恢复。在 6 月下旬至 7 月下旬采果后，如气温剧升，常会引发树体急速枯死。枯死的病树叶色淡绿，并陆续变红褐色脱落，地下部根系及根颈变深褐腐烂。翌年不能萌芽生长，1~2 年全株枯死。

（2）慢性衰亡型。发病初期，树冠春梢抽生正常，而秋梢很少抽生或不抽生，地下部根系须根较少，逐渐变褐腐烂。后期病情加剧，叶片变小，树冠下部叶大量脱落。在高温干旱季节的中午，树冠顶部枝梢呈萎蔫状，最后叶片逐渐变红褐色而干枯脱落，枝梢枯死，3~4 年全株枯死。

【发生规律】

该病先从杨梅根群的须根上发生，后向侧根、根颈及主干扩展蔓延。在病根的横断面上可见两个褐色坏死环，即为根的形成层和木质部维管束变褐坏死的环，最后导致树体衰败直至枯死。其中急性青枯型主要发生在 10~20 年生的盛果树上，占枯死树的 70%左右。慢性衰亡型主要发生在衰老树上，从出现病症到全树枯死，需 3~4 年。据调查，该病的发生与栽培管理无相关性，管理精细、生长茂盛的杨梅树也同样患病死亡。

【防治方法】

（1）增施有机肥与钾肥，增强树势，提高抗病能力。改善土壤理化性状，提高土壤通透性。遇到干旱灌水，雨季排水，防止积水。

（2）及时挖除病株并集中烧毁，减少病源。挖除后的植穴，撒上生石灰。

（3）初发病株，挖出侧根，剪去烂根，刮除根部病部，然后选用 50% 多菌灵或 70% 甲基硫菌灵每株 0.25~0.5kg 加生根粉拌土撒施，同时树冠多次喷施 80% 代森锰锌可湿性粉剂 600 倍液、50% 多菌灵可湿性粉剂、75% 百菌清可湿性粉剂 500 倍液等杀菌剂加叶面肥，促进病株恢复，但重病树无效。

第三节　杨梅主要虫害防治

一、松毛虫

【为害特点】

松毛虫可以为害多种林木，初孵的幼虫喜欢聚集在新梢嫩叶上，不过蔓延的能力很强，容易造成分散食害，严重时叶片仅剩叶脉。

【防治方法】

对于初孵幼虫应该及时捕杀，用稀释 100 倍的敌百虫溶液喷施；成虫趋光性较强，可以用灯光诱杀。

二、避债虫

【为害特点】

避债虫主要为害杨梅的新梢嫩枝，会咬碎叶片并导致嫩芽嫩枝死亡。

【防治方法】

对于初孵幼虫应该及时捕杀，用稀释 100 倍的敌百虫溶液喷施。

三、卷叶蛾

【为害特点】

卷叶蛾幼虫喜欢在杨梅的新梢嫩叶片上吐丝裹叶，造成叶片卷曲将其幼虫裹在叶片中，其后幼虫在卷叶中蚕食叶肉，结茧化蛹越冬。

【防治方法】

发现幼虫后，可以喷洒稀释 1 000 倍液的杀螟硫磷或稀释 4 000 倍液的氰戊菊酯。

第八章 番石榴栽培与病虫害防治技术

第一节 番石榴栽培技术

一、育苗

番石榴的苗木繁育方法较多，有实生、扦插、圈枝和嫁接法育苗；由于其根系能发生根蘖，故也可用分株法。但生产上较常用的是嫁接育苗和圈枝育苗。

（一）嫁接育苗

番石榴嫁接一般用本砧，当砧木苗茎粗达 0.7cm 时，便可供嫁接。一般用芽接、枝接法嫁接。以春季、秋季嫁接最佳。嫁接前 10~15d 摘去接穗叶片，待芽将萌发时才剪取供嫁接，效果最好。嫁接后加强肥水管理，促进苗木生长，培养约 1 年，便可出圃定植。

（二）圈枝育苗

圈枝育苗是珠江三角洲较常用的方法。一般选直径 1.2~1.5cm 的 2~3 年枝，在距梢端 40~60cm 处作环状剥皮，宽 2~3cm，包上生根基质，经 50~60d 新根长密集时即可锯离母株，进行假植，待发 2 次新梢并转绿后即可供种植。

二、建园

(一) 园地选择及开垦

番石榴在气候适宜区的适应性强，但应选择土层深厚、肥沃、排水良好的沙质土、沙壤土，并有水源可供灌溉。由于番石榴果实不耐贮运，故果园应建于大、中城市附近及交通方便地区。

(二) 种植

种植密度因品种、土质、栽培管理方式和管理水平而定。早熟品种及山地土质较瘦者可较密，一般株行距（3~3.5）m×4m；中、迟熟品种及平地土质较肥者，株行距4m×5m或4m×6m。为夺取早期丰产，并实施强剪栽培的果园，可适当密植，株行距为2.5m×3m或2m×3m。

番石榴在春、夏、秋季均可种植。但以春植成活率高。广东一般习惯于3—4月种植，广西一般在2—3月种植。

三、肥水管理

(一) 施肥

科学施肥是提高番石榴果实品质的重要栽培技术措施。施肥应以有机肥为主，配合施用化肥，以能满足番石榴对各类营养元素的需求为度。多施钾肥能增加总固形物含量，多施氮肥则降低总固形物含量。

番石榴全年都能开花、结果，因此，施肥应根据培育哪一次花为重点来决定。一般年施肥4~5次，通常在花芽分化前、幼果期、果实膨大期及采收后各施一次。开花前施有机肥、氮肥为主，幼果生长及果实膨大期以磷、钾肥为主，秋后以钾肥为主。

在粤中地区，对中熟、迟熟品种主要培育正造果，故施肥主要在春萌芽前、果实发育及采果后各施 1 次，对有翻花果的早熟品种，在正造果及翻花果采收后各施 1 次。

在广西，2 月上旬施促梢肥，3 月施促花肥，5 月施壮果、促二造果果枝萌发肥，7 月再施壮果肥，9—10 月施二造果壮果肥，12 月施过冬重肥，施肥次数多，施肥量也大。

（二）水分管理

番石榴虽较耐旱耐湿，但在雨季要注意排水、旱季注意灌水，以利其正常开花结果，尤其是培育冬、春果时供水更为重要。9 月中下旬后进入旱季，应视土壤干湿情况，对保水力差的沙质土、砾质土进行全园灌水，并用杂草等覆盖树盘。

四、整形修剪

（一）开心形修剪法

在幼树离地面 40~50cm 高时，将主干剪去，促使长出新梢，选用 4~5 枝新梢构成主枝，诱引向四周发展，并采用摘心或短截的方法，使新梢开花结果，同时剪除交叉枝、徒长枝及病虫枝等不必要的枝条，养成中央空虚、四周开张的树形，并注意树形勿过大以免主枝间生长势不平衡，这样既可增进树冠采光、通风，又有利于喷药、疏果、套袋及采收等管理工作。

（二）屈株形修剪法

番石榴种植后，于离地面 40~50cm 处剪去主干，促使新芽发出，新芽发生后保留 6~8 枝构成主枝，将直立主枝利用塑胶带或竹竿诱引向四周伸长，利用短截促进新梢长出，并疏剪密集及过多枝条，维持较低结果部位，以利管理作业。为促使新梢顶芽萌动，可将成熟枝条基部老叶去除，扭伤枝条，以利于花芽分化。

五、花果管理

（一）疏花

番石榴易成花，一般只要有健壮的新梢抽生，其上必有花。为了减少营养消耗，达到丰产稳产和果大质优的目的，必须进行疏花。疏花在盛花期进行，一般保留单生花，双花疏去其中小花、弱花，3 朵花疏去左右花。

（二）疏果

番石榴在自然情况下坐果率较高，开花时只要气候良好，有花必有果。为了达到优质丰产，提高经济效益，必须进行疏果。疏果是在果实结果后 1 个多月、幼果纵径 3~4cm、果实开始下垂时进行。除去发育不良的畸形果、病虫果，依植株生长势、枝梢生长情况、叶片大小和厚薄，确定合理的留果量。一般枝粗叶大的结果枝留 2 个果，枝弱叶小的结果枝只留 1 个果。

（三）套袋

套袋是番石榴优质高产高效益栽培的一个重要环节。疏果后立即进行果实套袋，由于番石榴幼果皮薄易擦伤，所以一般使用双层聚丙烯材料，内层用白色泡沫网筒，外层用白色透明薄膜袋。

六、产期调节

番石榴具有产期调节的生物学特性，根据市场的供求情况进行产期调节，实现优质、高产、高效益的栽培目的。

（一）摘心

番石榴在新梢伸长生长时，花蕾随即抽出。通过摘心，调节新梢生长期，就能调节花期。如计划在 8 月开花，则在 7 月上旬对非结果枝摘心，并于 7 月中旬施促梢壮果肥 1 次，促其抽发新梢，抽生花蕾。

（二）疏蕾、疏花和疏果

若生产冬春果为主的，则采用"清明除，白露萌"的方法。即在4月（清明）前后摘除所有的花果，并结合修剪、施肥，促发新梢，在9月上中旬（白露）开花，12月至翌年1月果实成熟，生产冬春果。对于营养生长过旺的果园，在清明前后要留30%~40%果压树，否则易造成营养生长更旺，发生白露花少无果的现象。因此，应根据树体生长状况，酌情疏花和疏果。

（三）喷施植物生长调节剂或肥料

（1）用100~150mg/L二苯乙酸钠喷施番石榴植株，可减少坐果率74%~86.6%。

（2）用15%~25%尿素喷施植株叶片，至叶片滴水为止，可使植株叶片全部灼伤脱落，35d后可萌发新梢，由于尿素水溶性很高，均匀地黏附在叶片上，叶片脱落后可做肥料，不损伤植株茎枝。

（3）用0.05%~0.06%乙烯利喷施叶片，使整株叶片脱落，35~40d后再萌芽开花。采用药剂处理，树体影响很大，必须在肥水很充足、管理措施密切配合的情况下进行。

第二节　番石榴主要病害防治

一、番石榴炭疽病

【主要症状】

幼果受害，一般干枯脱落或干果挂在树上。成熟果实被害，果面上出现圆形或近圆形，中央凹陷，呈褐色至暗褐色病斑，其上生粉红色至橘红色小点。新梢嫩叶受害，叶尖、叶缘焦枯脱落，严重时枝梢变褐枯死，病部生黑色小点（分生孢子器）。

【发生规律】

5月中下旬，当年春叶开始发病，7月中下旬至9月下旬为当年春叶第一个发病高峰期，11月中下旬起进入第二个发病脱叶高峰期。

【防治方法】

（1）加强管理。深耕改土、增施有机肥；避免偏施氮肥，适当施用磷钾肥；及时排灌、治虫、防冻，增强树势，提高树体抗病力。

（2）减少病源。结合修剪，剪除病枝叶、衰老叶、交叉枝及过密枝，将病叶、病果集中深埋或烧毁，并全面喷布0.5~0.8波美度石硫合剂1次，以减少菌源，并保持树冠通风透光。

（3）药剂防治。早春萌芽前喷0.8~1.0波美度石硫合剂1次；春芽米粒大时喷0.5%等量式波尔多液1次；5月下旬至6月上旬选择喷25%咪鲜胺乳油500~1 000倍液、10%甲醚苯环唑水分散粒剂2 000~2 500倍液、50%代森锰锌可湿性粉剂600倍液1~2次；9—10月喷50%代森锰锌可湿性粉剂600倍液1~2次。

二、番石榴焦腐病

【主要症状】

成熟果实最易感病，多从两端开始发病，病斑圆形淡褐色，后期暗褐色至黑色，最终整个果实黑腐，病部长出许多小黑点（分生孢子器）。

【发生规律】

病菌以菌丝体和分生孢子器在病果组织内和病枯枝上越冬，翌年春温湿度适合时，产生分生孢子，靠风雨传播。高温多雨、靠近地面的果容易发生。

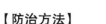

【防治方法】

（1）加强栽培管理，增强树势，提高抗病力。剪除病枝，清除地面病果，集中烧毁。

（2）发病初期及时喷药保护，药剂可选用75%百菌清可湿性粉剂800~1 000倍液、50%多菌灵可湿性粉剂1 000倍液、50%甲基硫菌灵可湿性粉剂1 500倍液等。

三、番石榴褐腐病

【主要症状】

果实受害，果实表面生褐色、不规则形病斑，后期果面出现凹陷，表面密生小黑点，随着病斑扩大和增多，终致全果腐烂。

【发生规律】

病菌以菌丝体和分生孢子器在病果组织上越冬，翌春温度和湿度适合时，新产生的分生孢子借风雨传播为害。高温多雨、排水不良的环境下容易发病，近成熟果实发病较重。

【防治方法】

参考番石榴焦腐病的防治方法。

四、番石榴灰斑病

【主要症状】

叶片受害后形成不规则形病斑，褐色、灰褐色或灰白色，边缘隆起，深褐色，与叶健部分界明显，病部中央生黑色小点（分生孢子器）。

【发生规律】

病菌以分生孢子盘或菌丝体在病部组织中或随病残体进入土中越冬，翌春温湿度适合时，越冬后的分生孢子或新产生的分生孢子，靠风雨传播从伤口侵入，引起初侵染，以后逐步蔓延。气温25~28℃，相对湿度80%~85%或遇雨易发病。

【防治方法】

（1）增施有机肥，提高树体抗病力。雨季及时排除果园积水可减轻为害。冬季彻底清除枯枝落叶和烂果，集中烧毁，减少越冬病源。

（2）适时喷药防护。药剂可选用 77% 氢氧化铜可湿性粉剂 600 倍液、50% 多菌灵可湿性粉剂 1 000 倍液、50% 甲基硫菌灵可湿性粉剂 1 500 倍液等。

第三节　番石榴主要虫害防治

一、番石榴根结线虫

【为害特点】

根结线虫病主要是由于根结线虫的幼虫侵入番石榴树根中，导致树根尖弯曲而且逐渐膨胀形成椭圆形的形状，须根变少，无法正常吸收和传递养分。

【防治方法】

可选择没有根结线虫的、土质肥沃的区域建园，选择抗病品种，改良土壤，避免产生根结线虫。

二、蚜虫

【为害特点】

蚜虫以成虫、若虫均集中于嫩梢、嫩叶的背面，花穗及幼果柄上吸取汁液，引起卷叶、枯梢、落花落果，影响新梢伸长，严重时导致新梢枯死。蚜虫分泌蜜露，容易引起煤污病。

【防治方法】

（1）利用天敌防治蚜虫。蚜虫的天敌有瓢虫、食蚜蝇、草蛉、蜘蛛、步行甲等，施药时选用选择性较强的农药，减少杀伤天敌。

（2）药剂防治。蚜虫大量发生期可用 50% 抗蚜威可湿性粉剂 2 000~3 000 倍液，或用 25% 高效氯氟氰菊酯 2 000~3 000 倍液叶面喷施，施药间隔 7~10d，施药次数为 2~3 次，注意药剂的轮换使用。

三、金龟子

【为害特点】

金龟子成虫会吃叶子和果实等，幼虫一般生活在土中啃食根部，使得果树不能吸收养分，树势恶化，早上和晚上时金龟子成虫会集中飞动。

【防治方法】

可采用人工捕捉或者假死时摇动树枝，掉落地面再集中消灭，也可喷洒农药，如在土内幼虫出土前喷洒辛硫磷喷杀。

第九章 枇杷栽培与病虫害防治技术

第一节 枇杷栽培技术

一、育苗建园

（一）育苗

1. 嫁接育苗

（1）砧木苗的培育。以共砧为主，选用生长势强的（如白梨、解放钟等）种子，大量育苗可从罐头厂获得种子。种子易丧失发芽力，洗净晾干后即播出苗率高。贮藏时可用洗净阴干的种子 1 份与干沙 2 份混合，放置阴凉干燥处贮藏，半年后发芽率仍达 70%~80%。

苗圃地以土层深厚、易排易灌、略带沙质的水稻田为好，旱地苗木主根发达，但侧根少。播前土地要经过深翻和施足基肥，整成宽 1m 左右、沟深 15cm 以上的畦。播种量撒播每公顷 1 500~3 000kg，宽幅条播 750~1 500kg。每千克种子 360（解放钟）~500 粒（白梨等）。要浅播和适当遮阴，否则发芽率不高。据观察，播种后盖土 1cm 以上者，发芽率只有 75%；如播时把种子压入土中不盖土只盖稻草，发芽率达 90%~95%。幼苗期喜荫，怕夏季干热。播后搭荫棚，或在行间套种绿豆，均能明显提高出苗率，幼苗生长也较好。另外，要尽量争取早播，以利越夏。种

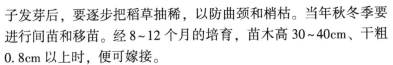

子发芽后，要逐步把稻草抽稀，以防曲颈和梢枯。当年秋冬季要进行间苗和移苗。经 8~12 个月的培育，苗木高 30~40cm、干粗 0.8cm 以上时，便可嫁接。

（2）小苗嫁接方法。枇杷小苗嫁接的方法有留叶切接、剪顶劈接、舌接和芽片贴接等，其中以留叶切接和剪顶劈接法较常用。

留叶切接法。12 月下旬至第二年 2 月中旬将一年生以上的砧苗基部留 1~2 片以上叶片剪干切接，每段接穗长 3~5cm、具单芽或双芽。接后用薄膜条包扎嫁接位和接穗的上切口，芽眼和其余的穗段不密封。接后 15~20d 就可发芽，注意经常抹砧，做好苗地的排水工作，促进嫁接苗生长良好。二年生、三年生的砧木无法留叶时，则采用"倒砧切接法"。即把离地面 20~30cm 处的砧干剪断 3/4 并折下，使上下仍有少量韧皮部和木质部相连，在断口处切接或插接。待接穗长出的新梢充实后，再把其上的砧木枝叶剪除。

小苗剪顶留叶劈接法。福建莆田果农用此法快速育苗，从播种到出圃只需 15~16 个月。注意早播、施足基肥和加强管理，保证大多数的砧苗在第二年早春干粗达 0.7~0.8cm 以上。2 月中旬到 3 月下旬，把幼砧上正在萌生、尚未充实的春梢剪顶 1/2~2/3（此处的梢粗可达 1cm 左右），然后用 3~5cm 长、具单芽或双芽的接穗在顶端劈接，接后包扎薄膜条保护（方法同切接）。一般接后 10d 就可发芽，成活率 80%~90%，当年秋季嫁接苗高度超过 60~70cm，可供出圃定植。

2. 茎尖组织培养育苗方法要点

（1）培养材料及其处理。剪取 1~1.5cm 长的嫩芽，保留茎尖修成 0.8cm 左右。用饱和漂白粉澄清液浸洗，然后移入超净台，用 0.1% 升汞水消毒 10min，无菌水冲洗后，剥成 2~5mm 嫩梢尖作为接种材料。以夏梢停止生长一段时期、而秋梢尚未萌发的芽状态成功率较高。

（2）成苗阶段的培养。茎尖成苗经历萌动、展叶和发枝三个阶段。各阶段都受培养基、光照和接种材料来源及其生长状况的影响。茎尖在 0.5mg/L MS+6-BA+0.1mg/L NAA+0.1~0.2mg/L GA3 培养基上能顺利展叶，而后转接到 0.25mg/L MS+6-BA+0.05mg/L IAA 中抽枝。

（3）成苗后的培养及移植。无性苗长至 1~2cm 时切下，转至不含任何激素的 1/2 MS 培养基中，20d 左右就可生根。生根后的小苗长到适当大小后可移出培养瓶外培养。移出前打开瓶塞，在较强光照下锻炼数天，使苗健壮，然后移入温室或塑料大棚内培土。

（二）建园

1. 园地的选择及开垦

枇杷适宜在山地栽培，以坡度不超过 25°、土层深厚、排水良好、土质不过于黏重、含腐殖质多的红（黄）壤土生长结果最好。风害和冻害是枇杷分布的限制因子，沿海和海岛地区要选避风的地方建园，并营造防护林，有冻害的地方建园要注意小气候的选择。山地要修好等高梯田、排灌设施和道路系统，防止水土流失，并做好挖大穴、施足基肥等工作。平地果园要防止积水，最好深沟高畦或筑墩栽培。

2. 栽植

11 月至翌年 2 月是枇杷定植的最好时期。移植时苗木应带土球，或根部蘸泥浆保湿，并剪去叶片的 2/3，以减少水分蒸发。需长途运输的，要做好苗木的包装工作。株行距一般为 4~5m，每公顷种植 450~600 株。注意浅植，栽后充分浇水以保证成活。

二、幼树管理

枇杷栽植后 1~3 年内称幼年期。要使枇杷适期投产，获得早期丰产和高产，树冠的迅速形成与合理的树冠结构是基础。

（一）施肥

枇杷幼树年抽梢 3~5 次，生长量大，无明显的休眠期，一年四季均需肥分供应。每年在 2—10 月最好每 2 个月施 1 次肥，以速效氮肥为主。如用 10%~30% 人粪尿，每株施 8~25kg。11 月至翌年 1 月施 1 次越冬肥，以施有机肥为主，每株施 10~20kg。全年共施肥 5~6 次，有利促进新梢生长，迅速扩大树冠。山地红壤，每年或隔年施适量石灰（pH 值 5 左右，亩施石灰 20~25kg），以中和土壤酸碱度，同时要适量施入钙和镁。

（二）间作

幼年枇杷园可充分利用行间、株间套种作物（如花生、大豆、西瓜等）增加经济收入，或种植绿肥就地翻压改良土壤。尤其是在山地果园土质差、肥料供应困难的情况下，种植绿肥以小肥换大肥以及利用套种作物秆蔓压埋，增加土壤有机质，是改良土壤的一个很好的途径。

（三）整形

枇杷树冠整齐，树梢生长量不大，生产上一般多用自然树形。但放任生长 20~30 年树冠很高，轮生较多，下部枝条早衰，产量下降，细小果增加，容易形成大小年结果，而且管理不便。因此应提倡对幼树进行适当整形，培养树冠较矮、结构合理的高效益树形。根据枇杷干性强、层性明显的特点，一般采用高干分层形，也可采用变则主干形。

我国台湾地区的果农多采用杯状形或空心圆头形整枝，以增加结果面积、减少风害和便于管理。①杯状形多用于坡地风大地区和适合开张性的品种（如田中等）。苗木定植后，离地面高 40~60cm 处留 4~5 个侧枝培养主枝，向四面伸展并拉成与主干呈 40°~50°。第二年在主枝的适当位置留 3~4 个亚主枝，并将主干截顶，培养成无中心干的杯状形。以后需在主干中央保留若干侧枝遮阴，以免主干或主枝发生日灼。②空心圆头形适宜于平地深厚土壤果园和直立性品种（如"茂木"等）。苗木定植后在主干离地面 30~40cm 处留 3~4 个主枝，以后同样留 2~3 层，层间距约 60cm，各层主枝需保持均衡生长。最后主干截顶，使植株不再增高，形成空心圆头形。

三、成年树管理

（一）土壤耕作

枇杷成年后即不宜间作，除应及时中耕除草外，每年秋季或春季应浅翻一次，秋季在 10—11 月进行，春季多在 3 月进行。翻耕深度 10~15cm。树冠下应浅，树冠外加深。冬季可在树冠下培一层河沙、塘泥、杂草等，起保温防寒和增加土壤有机质的作用。

（二）施肥

结果树一般年施肥 4 次，其中采果后和春梢萌发前施重肥，占全年施肥量的 70%~80%。肥料常用的有人粪尿、饼肥、土杂肥、火烧土、鸡粪和化肥等。根据枇杷含钾最多的特点，要多施一些钾肥。据莆田城郊果农的经验，成年树的施肥：第一次春肥在疏果后（2 月下旬至 3 月上旬），每株施人粪尿 50~100kg、土杂肥 100~200kg，促进春梢萌发和幼果长大；第二次夏肥 5—6 月采果后，夏梢萌生期。每株施人粪尿 50~100kg，施土杂肥 100~200kg 或饼肥 2.5~4kg，促进夏梢萌生良好，加速树势恢复；第三次秋肥在抽花穗前（8—9 月），每株施人粪尿 25~50kg，或用化肥 0.5~1kg，促进花穗壮大和秋梢生长良好；第四次冬肥在疏花后（11—12 月）进行，每株施人粪尿 25~50kg，火烧土 50~100kg，有利开花和提高坐果率。

枇杷结果树施肥三要素比例应当适当，一般氮、磷、钾的比例以 4∶2.5∶3 为合理。根据我国各地经验，成年枇杷树全年施肥量：山地每亩为氮 12.5～15kg、磷 10～12.5kg、钾 12.5～15kg；表土深厚肥沃园地则为氮 10kg、磷 6～7kg、钾 7～8kg。

（三）排灌水

枇杷比较耐旱，最怕土壤积水。排水不良时易导致主干腐烂，树势衰弱，严重影响产量和质量，甚至死亡。因此，及时排水、降低地下水位是平地枇杷园水分管理的重要工作。山坡地枇杷园往往优于平地枇杷果园，但干旱季节山地水源不足要注意灌水，保证各次梢抽发及果实生长。

（四）疏花穗、疏果

成年枇杷树开花数量很多，花期长，果核多又大，若任其自然结果，则养分过度消耗。使树势衰弱，易发生大小年结果，且使当年的果实变小，品质下降，成熟期参差不齐。

1. 疏花疏穗

东南沿海冻害少的枇杷产区，多有疏折花穗的习惯，以调节结果枝与营养枝的比例，一般为 1：（1～2）有利年年丰产、稳产和果实成熟一致，大小一致。每年 10 月上旬至 11 月上旬花穗已明显，但尚未开花时疏花穗最适宜。早疏花穗可节省养分，促进疏折花穗后的枝萌生良好冬（春）梢。但疏穗过早，花穗好坏不易识别，且易发生重抽花穗，需要再疏 1 次。福建西北部地区有冻害的地方，可不进行疏穗（花），待低温过后再适当疏果。

疏折花穗的数量和方法，按树龄大小、树势强弱及品种而不同。初果树或生长衰弱的树要多疏去花穗，壮旺的盛果树少疏。通常一个枝条上有 4 穗的，需疏去 1～2 穗；有 5 穗的，要留 3 去 2；大果型的品种（如解放钟、大钟等），4 穗要疏去 2 穗，5 穗疏去 3 穗。疏时要先把叶片少、花穗发育不好或有病虫害的花穗去掉，并掌握去外留内、去迟留早、去弱留强和树冠上部多疏的原则，有利树冠扩大，减少日灼病发生。通常要留下抽穗早的短果枝上的花穗，去掉抽穗迟、花穗小的枝条，使其抽生营养枝，遮阴树身，调节相对一致的成熟期。花量多的大年树要多疏穗，而花量少的小年树则要适量多留，以确保当年产量。疏花疏穗时要用剪刀剪平，防止乱拉乱折枝。

疏花蕾时间宜早，花穗支轴分裂后即可进行。一般疏去上部支轴的花蕾，留中部及基部迟开的花蕾，有冻害地区不宜疏花。

在日本有疏花蕾的做法，分以下 3 种方式：①摘除花穗的上半部；②摘除基部 2 个支轴和顶部数个支轴，保留中部 3~4 个支轴；③在上面两种方法的基础上，再把留下支轴上的先端花蕾摘除。通常大果型品种每穗仅留 2~3 个支轴，中小果型品种每穗留 3~5 个支轴。保证以后每穗有 4~6 个果。

2. 疏果

枇杷坐果率高，无论是否已进行过疏花穗的枇杷树，在正常年份都还存在结果多、成熟不整齐的问题。及时疏果可明显增大果粒，使留下果大小均匀、成熟一致，还可提高果实质量，便于采收。福建莆田果农多在 2 月下旬前后疏果，枇杷花穗上的残花已落尽、幼果有蚕豆大时进行。冷凉地区，最好在 3 月中旬左右待晚霜过后，能区别好果与坏果时进行较妥。

疏果时先摘去一部分过多的果穗（去留的原则同疏花穗），然后逐穗进行疏果粒。先疏去病虫为害的果、畸形果、小果，然后疏去过密果。每穗留果量视品种、树势、结果枝强弱而定。大果型的品种（如解放钟、大钟），每穗留 4~8 粒果。树旺、结果枝叶多强壮的可适当多留；反之则少留。最好留下果穗中段的果实，并注意选留花期相近、大小一致的幼果。

（五）修剪

成年枇杷树的修剪比较简单，修剪量也轻，着重于结果母枝，做好结果枝更新、合理留枝和通风透光。

修剪分春季和夏季两次。春季修剪在 2—3 月春梢抽发前进行。主要是短截树冠上部未结果的营养枝，疏除密生枝、衰弱结果母枝以及病虫枝、枯枝。夏季修剪在采果同时或采果后夏梢抽发前进行，主要是疏除密生枝、衰弱结果枝、短截徒长枝等。

衰老树的更新修剪一般在春季进行。采用"半露骨"更新，分两年进行。第一年着重疏删树冠外围和顶部密生、细弱 2~4 年生枝。生长强壮的尽量保留，并适当短截一部分，剪留长度为 5~15cm，使当年结果和抽生夏梢。树冠内部的 2~4 年生枝除过于衰弱者应疏除外，大多短截，促进夏梢。内膛中心干上萌发的新梢也尽量保留，使其形成树冠内部绿叶层。这样，既压缩了树冠，充实了内膛，还能结少量果实。翌年着重剪截树冠顶部和外围原保留的 2~4 年生枝，疏除密生细弱结果母枝，促使树冠外围萌发夏梢。树冠内部的枝梢除少量细弱者外，其余均保留。枇杷枝条愈合能力差，所以要注意剪口保持平滑，大的截口要涂接蜡、波尔多浆等保护。

（六）防冻

枇杷虽为较耐寒的常绿果树之一，但因其花期和幼果期正值冬季低温时期，尤其冬季低于 0℃ 的地区，栽植枇杷要防止冻害，确保丰产、稳产。防冻措施介绍如下。

1. 选择耐寒品种

凡花期迟、花期长、花穗下垂的品种比较耐寒。

2. 培养健壮树势

加强肥培管理，培养强壮树势，能增加树体抗寒能力。强壮树一般比衰弱树花期迟，花量多，结果率高。于 12 月底低温来临之前追施 1 次有机肥，天气干旱时结合灌水 1 次，防止冻旱。11 月至 12 月中旬每周于树冠喷 1 次 0.4% 尿素或硼砂，也有一定防冻作用。

3. 延迟开花期

枇杷的花比幼果耐冻，迟开的花往往能使幼果避过低温寒潮，结果率比早开花的高。因此幼果期有霜冻地区可以采取延迟开花措施来防止冻害。具体办法：①晾根，开花前，将根部土壤扒开，深 10~15cm，对直径 1cm 左右的粗根，任其晾晒 7~10d；②秋季施肥，9 月多施氮肥能延迟开花；③摘花蕾，日本采取摘除花穗上部 1/2 的办法，延迟开花高峰 1 个月，以避免冻害，提高坐果率。此外，如能在低温来临之前进行灌水，可以明显提高抗寒能力。

4. 地面覆盖及培土

严寒来临之前在树冠地面覆盖河泥、杂草或地膜，可提高土温，保护根系，增强耐寒力。

5. 束叶或花穗套袋

枇杷开花后将花穗下部叶片向上束裹花穗，或将花穗用纸袋套住，对保暖防冻有一定作用。尤其是顶部及西北方向易受冻害的花穗。疏果时将纸袋除去。

此外，有霜冻的夜晚还可在果园熏烟防寒。

（七）其他管理

1. 防日灼与裂果

枇杷的成熟前期常遇雨天，降水过多，果园排水不良，易致裂果。如雨后骤晴，初夏的阳光直射，特别在无风的午后，气温突增，果面温度可增至 34~35℃，以致日灼严重，严重影响产量和品质。

预防裂果与日灼的根本措施在于肥培管理，使枝叶茂盛。此外，在转黄期注意水分的管理。尤其高温天气，可于午前午后树冠喷水等。福建莆田采用果穗套袋防日灼，效果很好，但成本较高。

2. 采收

枇杷的成熟期不一致，必须选黄留青，分批采收，采收过早明显影响品质。根据不同采收期的糖酸分析，适时采收能增进品质。但采收过迟则果实贮运性能变差，影响树势。一般以九成熟时采收为宜，外运的达八成熟即可采收。

枇杷果软多汁、皮薄、果梗脆、易受伤而降低贮藏性能，并有损果实美观。因此采收时应认真细致，用剪刀剪果，切勿手折或硬拉。并应用手捏果柄，避免手指触落果毛使果面受伤。果柄不宜过长，注意轻拿轻放。采后果实及时分级装运，每竹篓或木箱不宜装太满，以免果实重压受损。如合理采收果实，常温下可以贮藏 15~20d。

第二节　枇杷主要病害防治

一、枇杷果实心腐病

【主要症状】

受害初期，无明显症状，后期果面出现近圆形的水渍状软斑，病健界限明显，果心及周围变褐色，生灰白色菌丝，果肉腐烂。

【发生规律】

病菌从伤口侵入，采前湿气大易发生此病。管理差、虫害多，采收、包装、贮运过程损伤多的发病严重。

【防治方法】

加强栽培管理，及时除虫，特别要重视套袋前喷药保护。药剂可选用 25% 咪鲜胺乳油 2 000 倍液、10% 苯醚甲环唑水分散粒剂 1 000 倍液、80% 代森锰锌可湿性粉剂 500~600 倍液等。

二、枇杷裂果病

【主要症状】

果皮裂开，出现不同程度的果肉和果核外露，感染病菌，果实变质腐烂。

【发生规律】

本病主要是由气候等因素引起的生理性病害。果实着色前后，遇久旱骤降大雨或连续下雨，果肉细胞吸水后迅速膨大，引起外皮破裂。

【防治方法】

（1）遇干旱及时灌水，雨季及时排除积水，使土壤水分保持相对均衡。

（2）在幼果迅速膨大期，勤根外追肥，如喷 0.2% 尿素、硼砂或磷酸二氢钾等。

（3）实行果实套袋。

（4）果皮转淡绿时，喷 0.1% 乙烯利。

三、枇杷皱果病

【主要症状】

果皮皱缩、干瘪，病果挂在树上。

【发生规律】

本病主要是由气候等因素引起的生理性病害。采收前长期低温、干旱天气有利于此病发生。

【防治方法】

（1）增施有机肥，做好疏花疏果和剪除病枝工作。

（2）在幼果迅速膨大期，进行根外追肥，喷水或施用叶面水分蒸发抑制剂。

（3）实行果实套袋。

第三节　枇杷主要虫害防治

一、枇杷黄毛虫

【为害特点】

枇杷黄毛虫是枇杷最主要的害虫，多为害嫩叶，严重削弱树势；第一代幼虫也为害果实，啃食果皮，影响果实外观甚至失去食用价值。幼虫白天潜伏老叶背面或树干上，早晚则爬到嫩叶表面为害，严重时新梢嫩叶全部被毁。

【防治方法】

人工捕杀，消灭叶片主脉上和枝干凹陷处越冬蛹，消灭嫩叶上幼虫。各次新梢萌生初期，发现为害应及时喷80%敌敌畏800～1 000倍液，或20%氰戊菊酯乳油4 000～5 000倍液。果实成熟采收期，禁用任何杀虫剂。

二、梨小食心虫

【为害特点】

梨小食心虫主要为害果实和枝干的韧皮组织。早期被害的果实多不能正常生长；后期被害果实内虫粪多，不能食用；枝干上幼虫蛀入表皮内，啃食皮层；苗木嫁接口愈伤组织也常被啃食，蛀断枯死。初龄幼虫乳白色，后成淡红色，成熟幼虫头部黑褐色，在枝干皮部或嫁接口结白色茧越冬。一般4月上旬开始为害，直到10月上中旬。

【防治方法】

（1）诱杀成虫。如在距地面1.5～1.8m处挂240mg/条梨小性迷向素缓释剂，33～43条/亩。

（2）化学防治。幼虫孵化期选用25g/L高效氯氟氰菊酯乳油1 000～2 000倍液均匀喷雾，5～7d再喷1次。

三、舟形毛虫

【为害特点】

舟形毛虫又称枇杷舟蛾、枇杷天社蛾、举尾虫。初龄幼虫紫红色，有群集性，丝线发达，多食害叶肉，被害叶成纱网状。虫口多，食量大，常将整株叶片吃光。幼虫受惊，有吐丝下垂假死性。

【防治方法】

秋、冬季（10月发生较重）常巡视果园，摘除群集被害叶片。若已分散为害，可选用5%甲氨基阿维菌素苯甲酸盐水分散粒剂2 000~5 000倍液、25%甲维·灭幼脲悬浮剂1 000~2 000倍液均匀喷雾。

四、豹纹木蠹蛾

【为害特点】

豹纹木蠹蛾也称咖啡木蠹蛾。幼虫蛀食树枝，被害枝遇风折断或枯死。1年发生1代，以幼虫在枝干的虫道中越冬。成虫有趋光性，产卵于新梢或芽腋处。初孵化的幼虫多从嫩梢顶端的几个芽腋处蛀入，被害梢枯后转入邻梢。幼虫体长30~40mm，淡红色，头部黄褐色。为害0.5~5cm粗的枝条髓部，自下向上蛀食，虫道圆形，隔不远向外咬1个排泄孔，粪粒长圆形，尖滑，不易碎，与天牛粪便明显可辨。

【防治方法】

冬季结合修剪，剪除虫枝。3—4月和6—7月经常检查，发现萎蔫新梢及时剪除，烧毁。灯光诱杀成虫。幼虫侵入较深时，用80%敌百虫10~30倍液注入虫孔，外敷黄泥。还可用10%高效氯氟氰菊酯水乳剂12 000~16 000倍液喷雾防治。

第十章　石榴栽培与病虫害防治技术

第一节　石榴栽培技术

一、选用良种，培育壮苗

石榴通常采用扦插繁殖，插穗必须从品种纯正、丰产、生长健壮的母株上采取发育饱满的 1~2 年生枝，将其剪成 15cm 左右的枝段，进行扦插。

二、施足底肥，适时移栽

春、夏、秋 3 季都可定植，营养袋苗木一般宜在 5 月中下旬至 6 月上旬定植。采用集约栽培方式的石榴园，株行距一般用（2~3）m×4m；间作栽培园，株行距一般 3m×（5~6）m。栽苗定植时，要选用根量多、发育充实、苗高 60cm 以上的壮苗，栽植深度要比原埋土深度深 2~3cm，栽后随即灌水。对地上部分要加以修剪整理，疏剪掉丛状的萌蘖枝和主干上的部分分枝。石榴白花授粉结实率低，要注意配植授粉树，最好几个优良品种等量混植。种植坑以 1m² 为宜，再按每亩土杂肥 5 000kg、优质复合肥 30~35kg 的比例与土混合拌匀，填压在沟（坑）底，厚 35cm 左右，然后填熟土 40cm，放苗定植。栽后浇透定根水。

三、搞好整形修剪

整形以单主干自然开心形较好。即栽后选留一个主干，并在高度60~80cm处剪断，即定干。长出后选留3~5个强健枝做长主枝，不留中干，其余枝可疏除或加以控制暂时保留以辅养树体。各主枝间隔为15~20cm，最低一枝距地面约30cm。各主枝向四周方向生长，各主枝的生长势要均衡，但需注意角度开张。因石榴树生长旺，枝条直立，必要时进行撑拉。于冬剪时根据需要主枝延长枝可剪去1/3，促其下部多生分枝，如此剪法继续2~3年，即可完成树体骨架。石榴长势旺盛，发枝力强，有丛生的特点，所以整形修剪极为重要。修剪一般在发芽前进行，宜疏不宜截。修剪对象主要是主干上的挡光枝和树冠内直立枝、竞争枝、徒长枝、横生枝、枯死枝。春、夏、秋3季中生长的多余分蘖及丛生枝也应及时剪除。由于石榴枝干柔韧，进入结果期后可任其生长，枝干会自然开张，只对内膛的徒长枝、横生枝加以控制即可。

四、重施采果肥，薄施追肥

采果肥一般在采果后10~15d内施下，以农家肥为主。青年树每亩1 000kg左右，成年树2 000~2 500kg，用量与结果产量相当。根据不同石榴品种、产量水平和土壤供肥能力确定各种肥料的适宜用量。一般亩产2 500kg石榴园，较适宜的氮、磷、钾用量和配合比例为纯氮21.2kg、纯磷18.4kg、纯钾9.6kg/亩。追肥每亩用量为基肥的10%~15%，分3次施下。催芽肥以氮肥为主，花肥、果肥以磷、钾肥为主。在生长季还应进行多次根外追肥，用0.3%~0.5%尿素或2%磷酸二氢钾喷布叶片。当微量元素缺乏症显示时要及时喷施微肥。石榴发芽后，要及时中耕除草，保持果园清洁和土壤疏松，幼年树还应间作一些花生、大豆

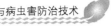

等豆科作物，不仅改良土壤，还增加收入。

五、保花保果，果实套装

石榴花量大，但坐果率低，在栽培管理中除加强土、肥、水和树体管理外，提高坐果率还要做好以下几方面的工作。

（1）花期禁用对授粉昆虫有害的化学药剂。石榴为虫媒花，果园放蜂能提高授粉受精的质量，提高坐果率。叶面喷 50mg/L 赤霉素可提高坐果率。

（2）疏花疏果。疏除不完全花和过密的完全花，多留头花和二花，疏除过晚的花；疏除畸形果、病、虫果及过密的正常果，大年只留单果，小年可留双果。

（3）盛花期叶面喷追肥。肥料为 0.1%~0.3%硼酸，0.2%~0.5%尿素，0.2%~0.5%磷酸二氢钾，可单独或混合施用，单独用时浓度可较混合用时高。

（4）套袋可避免石榴果实受病虫为害，减少裂果，延时采果效果十分明显。采用具有透光性能的蜡质黄色、白色纸袋或塑膜袋。套袋应在坐果后果实如鸡蛋大时开始进行。套袋前可喷洒杀虫剂和杀菌剂，可起到预防病虫害和消毒的作用。

第二节　石榴主要病害防治

一、石榴斑点落叶病

【主要症状】

主要分为褐斑病、圆斑病以及轮纹斑点病三种，褐斑病对石榴损害最为严重。褐斑病主要为害石榴叶片，叶片感病后出现黑褐色小斑点，以后发展成针芒状、同心轮纹状及混合型斑块，病斑边缘黑色至黑褐色，微凸，中间灰褐色，叶背面和正面的症状相同。

【发生规律】

病斑在带病的落叶上越冬，翌年 4 月形成分生孢子，5 月开始发病，6 月下旬到 8 月上旬受害叶片脱落。高温、高湿、田间郁闭、管理粗放、树势弱发病严重。

【防治方法】

（1）加强栽培管理、增强树势、合理修剪，保持树体之间通风透光。

（2）清洁果园，将病残叶及枯枝病果，集中烧毁或者深埋，减少病源。

（3）发病初期可选喷 1∶1∶200 倍波尔多液、50%多菌灵 800~1 000 倍液或 80%代森锰锌可湿性粉剂 500 倍液，每 10d 左右喷 1 次，连喷 3 次。

二、石榴干腐病（酒果）

【主要症状】

发病枝干干枯，树皮颜色变深褐色，上有密集小黑点，病斑交界处裂开，病皮翘起，甚至剥离，病枝衰弱，叶片变黄，植株上部枯死。

【发生规律】

该病于 5 月开花时侵染为害石榴蕾、花、果实和枝干。侵害花瓣最初变为褐色，最终花整个变为褐色，花和幼果严重受害后早期脱落，当幼果膨大后可干缩成僵果悬挂在树上。

【防治方法】

（1）加强土肥水管理、增强树势，强化树体自身抗病能力。

（2）清洁果园，冬季结合修剪将病枝和烂果清除、焚烧干净；夏季随时摘除病落果，集中深埋或烧毁。

（3）有条件时，可在幼果期用菌立灭、杀菌优、多菌灵等杀菌剂混配喷施后及时进行果实套袋，提高果实品质。

（4）幼果膨大期选用 1∶2∶200 倍波尔多液或 50% 多菌灵，与 70% 甲基硫菌灵可湿性粉剂 1 000 倍液交替喷施，间隔 7d 喷 1 次，连喷 3 次。

第三节　石榴主要虫害防治

一、桃蛀螟

【为害特点】

桃蛀螟又名桃蠹螟、桃实螟蛾、豹纹蛾、桃斑蛀螟，幼虫俗称蛀心虫、食心虫。

成虫体长 10mm 左右，翅展 20~26mm，全体黄色。体背和前后翅散生大小不一的黑色斑点。雌蛾腹部末端圆锥形，雄蛾腹部末端有黑色毛丛。

卵椭圆形，长 0.6~0.7mm。初产时乳白、米黄色，后渐变为红褐色，具有细密而不规则的网状纹。

幼虫体长 18~25mm。体背紫红色，腹面淡绿色。头、前胸背板和臀板褐色，身体各节有明显的黑褐色毛疣。3 龄后，雄性幼虫第五腹节背面有一对黑褐色性腺。

蛹长 11~14mm，纺锤形，初时浅黄绿色，渐变黄褐色、深褐色。头、胸和腹部 1~8 节背面密布细小突起，第 5~7 腹节前后缘有 1 个刺突。腹部末端有 6 个臀刺。

【防治方法】

（1）清理石榴园，减少虫源。采果后至萌芽前，摘除树上、拣拾树下干僵、病虫果，集中烧毁或深埋；清除园内玉米秸、高粱秸等越冬寄主；剔除树上老翘皮，树干上用黏土药泥堵塞树洞，尽量减少越冬害虫基数。生长期间，随时摘除虫果深埋。从

6月起，可在树干上扎草绳，诱集幼虫和蛹，集中消灭。也可在果园内放养鸡，啄食脱果幼虫。从4月下旬起，园内设置黑光灯，挂糖醋罐，性引诱芯等诱杀成虫。

（2）化学药剂防治。石榴坐果后，可用40%辛硫磷乳油500倍液渗药棉球或制成药泥堵塞萼筒。6月上旬、7月上中旬、8月上旬和9月上旬各代成虫产卵盛期，可选用5% S-氰戊菊酯乳油2 000倍液、25g/L联苯菊酯乳油2 500倍液均匀喷布，杀死初孵幼虫。

（3）果实套袋。石榴坐果后20d左右进行果实套袋，可有效防治桃蛀螟。套袋前应进行疏果，喷1次杀虫剂，预防"脓包果"发生。

二、桃小食心虫

【为害特点】

桃小食心虫是我国北方果产区的主要食果害虫，除为害石榴外，也为害苹果、枣、梨、山楂、桃、杏、李子等。

成虫淡灰褐色，体长7~8mm，前翅前缘中部有一个近三角形蓝黑色大斑，雌成虫较雄成虫长。

卵椭圆形，初产黄白色渐变成桃红色，卵表面粗糙有网纹状，顶端有"丫"形刺数枝。

初孵幼虫黄白色，头黑色，老熟幼虫桃红色，肥胖不活泼。

冬茧扁圆形，由幼虫吐丝结织而成，外黏合土粒。夏茧纺锤形，一端有孔。蛹在茧内形成，成虫羽化后从孔口钻出。

【防治方法】

（1）消灭越冬幼虫。每年5月中旬，幼虫出土期在树冠下地面喷洒40%辛硫磷300倍液，然后浅锄树盘，使药土混合均匀。在选果场及周围也要喷药防治。

（2）人工摘除虫果。在桃小食心虫发生期内，发现虫果时要及时摘除，集中用药处理。在成虫产卵前给果实套袋，可阻止幼虫为害。

（3）药剂防治。田间调查，当卵果率达到 1%～2% 时，及时喷 25% 氰戊菊酯 2 000 倍液。在成虫发生期和幼虫孵化期，选用 2.5% 氯氟氰菊酯乳油 2 000 倍液、20% 灭扫利乳油 2 000 倍液、2.5% 溴氰菊酯乳油 5 000 倍液，都可获得较好的杀卵效果。

（4）性诱剂诱杀。在石榴园中设置 500μg 桃小性外激素水碗诱捕器诱杀成虫，既可消灭雄成虫，减少害虫的交配机会，还可测报虫情。待日平均每碗诱得成虫 2～5 头时，即应喷药防治。

三、石榴茎窗蛾

【为害特点】

石榴茎窗蛾是石榴的主要害虫，以幼虫为害新梢和多年生枝，造成树势衰弱，果实产量和质量下降，重者整株死亡。此虫在全国各石榴产区均有发生。

成虫体长 11～17mm，翅展 30～40mm，翅面乳白微黄，稍有紫色。前翅顶角有深茶褐色晕斑，下方内陷，弯曲呈钩状。后翅白色透明，有中带四线前端合并，向后分叉，外带两线大致平行，翅基有茶褐色斑。腹部白色。

卵长筒状，初产淡黄色，逐步变成棕褐色，有 13 条纵直线，数条横纹，顶端有 10 多个凸起。

幼虫体长 25～35mm，淡青黄色，头褐色；前胸浅褐色，末节坚硬，黑褐色，末端分叉。

蛹体长 15～20mm，深棕色或棕褐色，长圆形。

【防治方法】

结合冬剪，发现虫枝应彻底剪掉。7 月发现被害枝及时剪去。杀死其内幼虫。对未发芽的枯死枝，应彻底剪去，集中烧毁。在孵化期可选择 2.5% 溴氰菊酯 3 000 倍液、敌马合剂 1 000

倍液喷洒。还可用 80% 敌敌畏 500 倍液注射树干蛀孔，用泥封口毒杀，或将 50% 磷化铝片剂塞入蛀孔后封口毒杀，使其中毒死亡。

四、豹纹木蠹蛾

【为害特点】

豹纹木蠹蛾以幼虫在寄主枝条内蛀食为害。食性杂，可为害核桃、石榴、苹果、梨、柿、枣等植物，全国石榴产区均有发生。

成虫雌蛾体长 16mm，翅展 37mm，触角丝状。雄蛾体长 18mm，翅展 34~36mm。触角双栉状。全体灰白色。胸部背面具平行的 3 对黑蓝色斑点，腹部有黑蓝色斑点。前后翅散生大小不等的黑蓝色斑点。

卵圆形，初产时淡黄色，孵化时棕褐色。

幼虫体长 32~40mm，赤褐色，头部黄褐色。

蛹体长 25~28mm，长筒形，赤褐色。

【防治方法】

在生长季节，发现枝条上有新鲜虫粪排出时，用 80% 敌敌畏 500 倍液注入排粪孔，或将 1/4 片磷化铝塞入孔内，再用黄泥堵严孔口，可杀死枝内害虫。结合夏、冬修剪，剪除被害枝条，集中烧毁。成虫羽化期和幼虫孵化期，树上可选喷 25% 氰戊菊酯乳油 2 000 倍液、20% 灭多威乳油 1 000 倍液。成虫有趋光性，在羽化期可用黑光灯诱杀成虫。

第十一章　草莓栽培与病虫害防治技术

第一节　草莓栽培技术

一、园地选择

草莓是多年生常绿植物，栽后当年即可形成花芽，次年结果，因此草莓可一年一栽，也可多年。栽培草莓地块宜选在土壤肥沃、平坦、灌水、排水方便的地方；不宜选在旱风及晚霜为害的地方，有地下害虫如金龟子、线虫的地方，以及盐碱地等。

二、土壤准备

土壤精耕细作、施肥，对获得高产、稳产具有极其重要的意义。草莓栽植前，要彻底清除杂草，防治地下害虫。最好是先种一年作物，如大豆、马铃薯等来抑制杂草，增加土壤肥力。前作物收获后，再深翻、施入足量的有机肥（要求每亩施腐熟农家肥3 000~5 000kg），最好另加50kg三元复合肥，耙平，使土壤沉下去，或用镇压器轻压，以便植株栽到正常深度，避免幼苗下陷，埋住苗心，影响成活。经过深翻、施肥，促进土壤熟化，再进行整地作畦，要求达到平、绵、松，适当镇压或浇水沉实。生产中多采用2~3年轮作或一年一栽制，减少果实污染，提高果实品质，达到年年丰产。

三、栽植时期

栽植适期因地区不同而异，生产中多以秋季栽植为主。在温暖而潮湿的气候，最好是阴雨天，这样的条件下适宜栽草莓。在黑龙江省以 7—8 月为宜，大棚 9 月上旬，高效节能温室可延迟至 10 月上旬为宜。这时正是雨季，匍匐茎已发育良好，定植之后秧苗恢复生长快，积累营养快，容易形成花芽及有利于准备越冬，对母株越冬及来年的产量有利。

四、栽植方式及密度

常用的栽植方式有行列式、地毯式、畦栽。

（一）行列式

按一定的株、行距将草莓栽成单行或双行（列），生长出的匍匐茎彻底除去，一直保持成行或成列。单行和株距一般为 15~20cm，行距为 50~70cm。双行栽时株距离 15~20cm，小行距 50~70cm。这种方式适用于匍匐茎少的品种，田间管理容易，便于施肥、灌水、果实采收等，营养集中于植株，生长出的分枝多，花茎多，果实品质好，产量也高。但是需苗量多，摘除匍匐茎费工。

（二）地毯式

定植时株、行距比行列式的稍大，如行距为 60~80cm，株距为 20~30cm，以后任匍匐茎生长，布满整个园地而成地毯状，次年当匍匐茎过多时再除去，田间一直保持地毯状态。由于植株密集，昼夜温度变化比行列式的小，植株生长快，老株衰亡，新株代替，自然更新快。土壤中的根量也比行列式的多，而且分布得较深，因而土壤中的肥力被利用得比较充分，产量高，这种栽植方式适用于气候严寒的地区，以及发生匍匐茎多的品种。地毯式栽植的草莓产量高，植株密集有自行保护作用，越冬性强，缺点是管理困难，果实品质不如行列式栽植的。

（三）畦栽

适用于小面积栽培或保护地栽培。畦长 10～20m，宽 1.2～1.5m，畦埂宽 30cm。每畦栽 6 行，株距 15～20cm，行距 20～25cm。可用高畦、低畦及平畦，根据土壤水分状况而定。

以上几种栽植方式都可以在垄上或平地栽植。垄栽的有平垄和高垄，如高垄则垄高 15cm，垄宽 50cm，垄沟宽 20cm，每垄栽 2 行，行距 20cm，株距 15～20cm，"Z"字形栽。

五、品种配置

在草莓园内配置授粉品种有明显的增产效果。一个草莓园的品种不宜少于 3～4 个，有主栽品种、授粉品种，以及早、中熟品种等。主栽品种面积应该大些，与授粉品种相距不宜超过 20～25m。同一品种应集中栽植，便于采收和管理。早、中、晚熟品种也应搭配错开，在坡地大面积栽培情况下，早、中熟品种应栽在较高的位置。高地春季土温上升快有利于提早结果。

六、栽植方法

栽植草莓要避免中午炎热的时间，以免秧苗萎蔫，最好在阴天下雨之前进行。定植时按苗木级别定植，大苗株行距放宽，小苗可加密，定植掌握好深度，栽植深度不能过深或过浅，达到"深不埋心，浅不露根"为好。

大面积栽培也可以用开沟法，按行距开沟，按株距栽植，沟深 6～10cm，宽 15～20cm，在沟内充分灌水，而后"坐水栽"，根系与土壤、水分接触，这样在晴天中午都可以栽植。栽后一周内每天或隔天灌水一次。有条件的地方，或定植时秧苗发蔫，栽植之后进行覆盖，4～5d 之后去掉覆盖物，秧苗迅速恢复生长。

七、采收后管理

（一）植株管理

草莓采收后，要及时去掉多余的新茎分枝和匍匐茎苗，保持适当密度，留下的秧苗还要将老叶去除，只保留 2~3 片新叶。

（二）培土、施肥促根

随新茎发生部位不断上移，根状茎也相应抬升。培土要与中耕锄草和施肥结合进行，以施用有机肥为主，施肥量可参照定植前的基肥，培土厚度以露出苗心为度。

（三）摘除匍匐茎

此期正值匍匐茎大量发生期，对所发生的匍匐茎及时进行摘除，调整营养分配中心，保留母株健壮生长，摘除匍匐茎起码要进行 2~3 次。

第二节　草莓主要病害防治

一、草莓白粉病

【主要症状】

主要为害叶片、叶柄、花柄及果实，叶片产生暗色污斑，发病部位有一层白色粉状物，后期变成红褐色病斑，早期受害的幼果停止发育，后期受害的果面密布一层白粉，严重影响浆果质量。

【防治方法】

（1）发病初期将病叶剪除、烧毁并深埋，喷 0.3 波美度石硫合剂。

（2）采收以后喷 12.5%四氟醚唑水乳剂 15~25mL/亩。

（3）冬季注意清洁果园，集中烧毁并深埋。

二、草莓灰霉病

【主要症状】

主要为害花、果实，病菌于落花后侵害幼果，与湿土接触的果实先发病，然后沿果柄蔓延到花序，使整个花序死亡。当病菌侵入时，果面呈水浸状淡褐斑，然后变成暗褐色，最后组织变烂，香气和风味消失，果实表面覆盖一层灰色霉状物，直接影响果实的质量和产量。

【防治方法】

（1）发病初期及时摘除染病的花序和幼果。

（2）进行土壤覆盖，避免果实与潮湿土壤接触。

（3）合理密植，控制草莓株数，保持通风透光。

（4）药剂防治。从现蕾至开花结果期，每隔 7~10d 喷 1 次药，连喷 2~3。药剂可用以下任意一种，注意各种药交替使用。可选用 25% 嘧霉胺可湿性粉剂 1 500~2 000 倍液、10% 多抗霉素可湿性粉剂 500 倍液，1 000 亿活芽孢 1g 枯草芽孢杆菌可湿性粉剂 40~50g/亩对水喷雾，均有良好的效果。

三、草莓叶斑病

【主要症状】

草莓叶斑病主要为害叶片，最初在叶面上产生小的红色斑点，最后发展成圆形病斑，边缘紫红色，状似"蛇眼"。此病在 7—8 月高温多雨的天气最为严重，虽对产量无大影响，但发病严重时影响叶片的光合作用，使植株的抗逆性减弱。除为害叶外，果柄、花萼、匍匐茎也常发病。

【防治方法】

（1）加强园地的后期管理，控制好温度、湿度。

（2）在春季撤除防寒物时，将老叶、病叶、枯叶清理干净。

（3）每隔 7~10d 喷 1 次 70%甲基硫菌灵 1 000~1 500 倍液，连喷 3 次。

四、草莓青枯病

【主要症状】

为害叶片，受病叶片变紫红色，生长衰弱，叶片萎凋，甚至全株死亡。

【防治方法】

（1）及时发现病株，拔除烧毁。

（2）喷 65%代森锌可湿性粉剂 500 倍液。

五、草莓革腐病

【主要症状】

发病初期为急性水浸状病斑，迅速变褐至黑色，直到整个果干枯呈皮革状，湿度大时果肉灰褐色，有一种难闻的臭味，根部从外到内变黑革腐状。

【防治方法】

（1）选择无病毒苗，并进行土壤消毒。

（2）及时将病果、病叶、病残体清除，集中烧毁。

（3）药剂防治。可选用 50%百菌清悬浮剂 400~600 倍液或 40%多菌灵悬浮剂 800~1 000 倍液喷施 1~2 次。

第三节　草莓主要虫害防治

一、红蜘蛛

【为害特点】

红蜘蛛俗称火龙、红砂。为害叶片，以仙客来红蜘蛛及二点红蜘蛛最为普遍。红蜘蛛体形小，肉眼只能看到一小红点。仙客来红蜘蛛主要为害温室草莓和田间草莓，喜欢在未开的幼叶上刺吸汁液，使叶片发育迟缓，叶片伸出后皱缩。二点红蜘蛛在叶背吸食汁液，受害严重时叶片呈锈色，抑制植株生长，严重影响产量。

【防治方法】

（1）清除园地。

（2）花序初显时喷 0.3 波美度石硫合剂，隔 6～7d 再喷1 次。

（3）可释放天敌捕食螨，如加州新小绥螨、智利小植绥螨。

（4）果实采收后，气温升高，可选用 5% 阿维菌素水剂3 000 倍液、43% 联苯肼酯悬浮剂 2 000 倍液、24% 螺螨酯悬浮剂5 000 倍液。第一次喷药后 6～7d 再喷 1 次，采收前 15d 不能喷药。

二、蚜虫

【为害特点】

寄生于草莓的蚜虫有十几种，可直接吸食草莓汁液，还是传播草莓病毒病病原的媒介。胫毛蚜、叶胫毛蚜体黄色、有光泽，寄生于草莓全株，但嫩叶上最多。棉蚜绿色，头部小，肚大，无光泽，寄生于草莓全株，花和心叶上最多。根蚜体表黑色，群生于草莓植株的基部。叶片被蚜虫为害表现为褪色、卷缩、变形，影响正常生长。蚜虫在干旱年份容易发生。

【防治方法】

可选择喷 50% 辛硫磷乳油 1 500 倍液、50% 灭蚜松乳油 1 000倍液、50% 抗蚜威可湿性粉剂 3 000～4 000 倍液、20% 氰戊菊酯乳油 4 000 倍液。

三、盲蝽

【为害特点】

为害草莓的盲蝽主要是牧草盲蝽，其成虫体长 5~6mm，是一种小而活泼的古铜色小虫。它用刺吸式口器刺吸幼果顶部使种子不能正常发育，也影响果肉的正常膨大，形成畸形果，影响浆果品质。

【防治方法】

（1）清除园内外杂草、杂树。

（2）在小面积上采取人工捕杀。

（3）药剂防治：当发现成虫可以喷施 25%鱼藤精 2 000 倍液，每 10d 喷 1 次，连喷 2~3 次。

四、蛴螬

【为害特点】

蛴螬是金龟子科幼虫的总称，均生活在土壤中，幼虫的头部红褐色，全身乳白色，弯曲呈马蹄形，蛴螬能咬坏或咬断草莓新茎。

【防治方法】

（1）合理轮作和秋翻，在上冻前翻地可将蛴螬冻死。

（2）合理施肥，特别是不能使用未腐熟的有机肥。

（3）药剂防治：主要用 50%辛硫磷乳油 7.5~12kg，拌在 750kg 稀土中制成毒土，施于 1hm² 地上。可在定植前施入土中，也可施入苗穴中，但穴施时注意草莓根系不能与毒土接触。6—7 月是金龟子产卵期，在地面喷施 80%敌百虫可溶粉剂 500~1 000 倍液，也会收到良好效果。

五、地老虎

【为害特点】

幼虫为害植株、叶片和果实。幼虫肥大、光滑、暗灰色，有条纹或斑纹，傍晚或夜间活动，咬断草莓新茎，使整株萎蔫死亡。也可将果实或叶片食成窟窿。

【防治方法】

(1) 清晨检查草莓园，发现缺叶、死苗时立即在附近挖出幼虫。

(2) 认真翻地或中耕除草，消灭土石上卵粒。清除杂草(叶上有卵粒)，集中沤肥或烧毁。

第十二章　樱桃栽培与病虫害防治技术

第一节　樱桃栽培技术

一、繁殖和栽植

中国樱桃枝条生根能力强，多用扦插法繁殖，成活率一般可达80%～90%。插穗以用一年生枝为宜，于春季树液流动前扦插。插穗长15～20cm，入土2/3，然后覆土与插穗上口相平或稍高1～2cm。少量繁殖苗木时可用分株或压条法。甜樱桃须用嫁接法繁殖。砧木用草樱桃（为中国樱桃中的一个类型，比甜樱桃的亲和力强），其他可用青肤樱、酸樱桃和马哈利樱桃，后两种砧木有一定的矮化作用。

栽植甜樱桃须选良好的授粉树同时配植。以那翁、滨库为主栽品种时，可配黄玉、大紫和早紫为授粉树；以红灯、大紫为主栽品种时，可配那翁、黄玉为授粉树。但那翁、滨库两品种相互授粉后表现不亲和，而挂红、巨红两品种能互为授粉树。此外，斯坦勒、拉宾斯两品种花粉多且亲和性强，是良好的授粉品种，可供选用。授粉树一般应占30%～40%的比例。供制罐用的甜樱桃还应选大果、硬肉的黄色品种，如那翁、香蕉、雷尼等。

苗木可秋植或春植。栽后立即浇一次透水，并培土保墒，或用地膜覆盖树盘，这样有利于提高栽植成活率和促进植株早期生长。株行距依树冠大小而异，中国樱桃树冠较小，一般掌握4～

5m，甜樱桃树冠较大，宜4~6m。瘠薄地或采用矮化栽培时可适当缩小株行距。

二、整形修剪

大部分樱桃干性不强而分枝多，一般多采用自然丛状形树形。无主干或主干极矮，从近地面处培养4~5个斜生主枝，冬季适当短截扩大树冠，并选留副主枝（侧枝）。生长期新梢壮旺者可早期（6月前）摘心，促发二次枝，加速树冠形成。一般3年内即可完成整形。

甜樱桃干性较强，一般采用自然开心形或自然丛状形，树形成形快，修剪量轻，结果早，并适于密植。前一种树形的整形过程可参考桃。此外，干性强、层性明显的品种（如那翁）还可采用疏散分层形的树形。但这种树形树体高大，管理不便，且因修剪量较大，常延迟结果。如采用矮化砧，则可简化树体结构，采用自由纺锤形或主干形的树形，加速成形。

修剪方面为促使幼树提早结果，早期丰产，除骨干枝按整形要求进行短截外，其余生长中庸的枝条多缓放，以促发中、短果枝的形成，早日结果。直立枝和过密枝则需疏除。角度小的枝条应在生长期内调整枝角。盛果期，应适当回缩着生短果枝和花束状果枝的2~3年生枝条，以刺激营养生长与新果枝的形成，延缓结果枝群的衰老和结果部位的外移。进入衰老期后，中国樱桃可进行主枝的更新；甜樱桃可利用隐芽枝逐年更新大枝。去大枝宜在采果后进行。

三、土肥水管理和控长促花

樱桃根系分布较浅，尤其是甜樱桃随树龄增长，常易受旱害、风害和冻害，定植后需逐年扩穴深翻土壤，加深根系的分布。施肥根据樱桃花果生长期早而短的特点，应以采后肥及冬前基肥为主，以促进花芽分化，增加树体的贮藏营养。此外，在开花坐果期间进行适当追肥（以速效氮肥为主）和根外追肥（花期喷0.1%~0.3%尿素或600倍液磷酸二氢钾），对提高坐果率和促进枝叶生长有明显的效果。

土壤缺水常引起樱桃落果，从开花后至采收前如遇干旱，应适量灌水。樱桃根系对土壤通气条件要求严格，每次灌水量宜少，并及时中耕松土保墒。没有灌溉条件的地方，可进行树盘覆草保墒。这对提高樱桃着果率和浆果品质的效果都很好。进入成熟期后，遇降雨易引起裂果。除选择抗裂果品种、做好田间排水工作外，在采收前2~3周对浆果喷布72%氢氧化钙或54%氯化钙水溶液，隔5~7d再喷1次，可减轻裂果。

沿海风大地区，为防止幼树倒伏，还要做好培土工作，掌握春培秋扒，在主干四周不宜长期培土。

樱桃，特别是甜樱桃，幼树容易旺长而难以形成花芽，且造成大的树冠。除采用矮化砧等措施缓和生长势外，在樱桃开始生长时（中国樱桃也可在采收后）叶面喷布250~300mg/kg多效唑溶液，具有明显枝长促花和早果丰产的作用。

四、采收、贮藏和加工

樱桃果实极不耐贮运，多就地鲜销供应。当浆果出现品种固有的色泽，果肉开始变软时采收，食用品质高。甜樱桃供外地销售或罐藏用时，宜提前在八成熟时采收。全树果实根据成熟度分2~3次采毕。甜樱桃在果核硬化末期喷布10%~20%浓度的赤霉素溶液，可推迟浆果成熟3~4d，并增大果实和提高果肉硬度，有利于贮运和加工。中国樱桃上也可使用。市场供应过于集中需作短期贮藏的，应保持约0℃的低温和85%~90%的相对湿度。或置深井水面上30cm左右处吊藏。

樱桃加工制品较多，均需一定的设备。下面介绍一种将成熟的残次果加工成樱桃果酱的方法。先将残次果去核，用清水冲洗干净，放入锅内，加少量水煮 15min 左右，使其软化。然后将果肉打浆，加糖浓缩。果肉与糖可按 2∶1 的比例。先将一半糖与果肉进行熬煮，待完全溶化后再加入另一半糖熬煮，至可溶性固形物达 55% 时，即可出锅。

第二节　樱桃主要病害防治

一、樱桃褐腐病

【主要症状】

主要为害花和果实，引起花腐和果腐，发病初期，花器渐变褐色，直至干枯；后期病部形成一层灰褐色粉状物，从落花后 10d 幼果开始发病，果面上形成浅褐色小斑点，逐渐扩展为黑褐色病斑，幼果不软腐，成熟果发病，初期在果面产生浅褐色小斑点，迅速扩大，引起全果软腐。

【防治方法】

（1）清洁果园，将落叶、落果清扫烧毁。

（2）合理修剪，使树冠具有良好的通风透光条件。

（3）发芽前喷 1 次 3~5 波美度石硫合剂。

（4）生长季每隔 10~15d 喷 1 次药，共喷 4~6 次，药剂可选用 1∶2∶240 倍波尔多液、77% 氢氧化铜可湿性粉剂 500 倍液、50% 克菌丹可湿性粉剂 500 倍液。

二、樱桃流胶病

【主要症状】

主要为害樱桃主干和主枝，一般从春季树液流动时开始发生，初期枝干的枝杈处或伤口肿胀，流出黄白色半透明的黏质物，皮层及木质部变褐腐朽，导致树势衰弱，严重时枝干枯死。

发病原因：一是由枝干病害、虫害、冻害、机械伤造成的伤口引起流胶；二是修剪过度、施肥不当、水分过多、土壤理化性状不良等原因，导致树体生理代谢失调而引起流胶。

【防治方法】

（1）增施有机肥，健壮树势，防止旱、涝、冻害。

（2）搞好病虫害防治，避免造成过多伤口。

（3）冬剪最好在树液流动前进行，夏季尽量减少较大的剪锯口。

（4）发现流胶病，要及时刮除，然后涂药保护。可涂抹或喷施石硫合剂也可喷施 50%多菌灵可湿性粉剂 500 倍液，隔 7d 再防治 1 次。

三、樱桃叶斑病

【主要症状】

该病主要为害叶片，也为害叶柄和果实。叶片发病初期，在叶片正面叶脉间产生紫色或褐色的坏死斑点，同时在斑点的背面形成粉红色霉状物，后期随着斑点的扩大，数斑连合使叶片大部分枯死。有时叶片也形成穿孔现象，造成叶片早期脱落，叶片一般 5 月开始发病，7—8 月高温、多雨季节发病严重。

【防治方法】

（1）加强栽培，增强树势，提高树体抗病能力。

（2）清除病枝、病叶，集中烧毁或深埋。

（3）发芽前喷 3~5 波美度石硫合剂。

（4）谢花后至采果前，可选用 70%代森锰锌可湿性粉剂 600 倍液、75%百菌清可湿性粉剂 500~600 倍液等，每隔 10~14d 喷 1 次，连续防治 2~3 次。

四、樱桃细菌性穿孔病

【为害特点】

该病主要为害叶片，开始产生半透明水渍状淡褐色小斑点，逐渐扩大为不规则形暗褐色周围有黄色晕环的病斑，最终病斑干枯脱落形成穿孔。从 5 月开始到落叶期均有发生，最重的是 8—9 月。

【防治方法】

与樱桃叶斑病基本相同，另外可在 5—6 月可喷 65% 代森锌可湿性粉剂 500 倍液。

第三节　樱桃主要虫害防治

一、樱桃瘿瘤头蚜

【为害特点】

一年发生多代，以卵在樱桃幼枝上越冬，春季萌芽时卵孵化成干母，干母在 3 月底在叶端部侧缘形成花生壳状伪虫瘿，并在瘿内发育、为害和繁殖，被害叶背凹陷，叶面凸起呈泡状瘿，虫瘿长 2~4cm，初呈微红色，后变枯黄，4 月底出现有翅孤雌蚜并向外飞迁，10 月中下旬产生性蚜并在幼枝上产卵越冬。

【防治方法】

（1）发生量小的果园，可人工剪除虫瘿。

（2）3 月上旬，在卵孵化后和虫瘿形成前，喷 50% 抗蚜威可湿性粉剂 2 000 倍液、5% 啶虫脒乳油 3 000~5 000 倍液，也可在 10 月性蚜出现时喷上述药剂。

二、绣线菊蚜

【为害特点】

一年发生 10 余代，主要以卵在樱桃枝条芽旁或树皮裂缝处越冬，翌年4月上中旬萌芽时卵开始孵化，初孵幼蚜群集在叶背面取食，10d左右即产生无翅胎生雌蚜，6—7月温度升高，繁殖加快，虫口密度迅速增长，为害严重。8—9月蚜群数量开始减少，10月开始产生有性蚜虫，雌雄交尾产卵，以卵越冬。

【防治方法】

（1）展叶前，越冬卵孵化基本结束时，喷70%灭蚜硫磷可湿性粉剂1 500~2 000倍液。

（2）5月上旬蚜虫初发期进行药剂涂干，如树皮粗糙，先将粗皮刮去，刮至稍露白即可，在主干中部用毛刷涂成6cm的环带。如蚜虫较多，10d后可在原部位再涂药1次。

（3）有条件的可人工饲养捕食性瓢虫、草蛉等天敌。

三、舟形毛虫

【为害特点】

一年发生1代，以蛹在树根部土层内越冬，翌年7月上旬至8月中旬羽化成虫，昼伏夜出，趋光性较强，卵多产在叶背面。3龄前的幼虫群集在叶背为害，早晚及夜间为害，静止的幼虫沿叶缘整齐排列，头、尾上翘，若遇振动，则成群吐丝下垂，9月幼虫老熟后入土化蛹越冬。

【防治方法】

（1）结合秋翻地或春刨树盘，使越冬蛹暴露地面失水而死。

（2）利用3龄前群集取食和受惊下垂习性，进行人工摘除有虫群集的枝叶。

（3）为害期可喷50%杀螟硫磷乳油1 000倍液或20%氰戊菊酯乳油2 000倍液。

第十三章　槟榔栽培与病虫害防治技术

第一节　槟榔栽培技术

一、种苗繁育

种苗繁育主要采用种子繁殖。

（一）选种

种子的质量直接关系到整个植株今后的产量和品质，因此一定要把握好种子关。海南省一般种植本地品种，最好是 20~30 树龄生长健壮的槟榔果为好，同时注意选饱满无裂痕无病斑，充分成熟为金黄色、大小均匀、0.5kg 鲜果 9~11 个，果形为椭圆形和长卵形的槟榔果作为种子。

（二）催芽

一般收果后晒 1~2d，使果皮略干，再行催芽，具体方法：把果实摊在靠近水源并能起荫蔽作用的树底下，地底下铺一层河沙，堆成高 20cm 以下，长度不限，但便于淋水，并盖上稻草，不宜盖茅草，厚度以不见果实为度，每天淋水 1 次。7~10d 果实表面开始发酵腐烂，即可取出果实用水洗净，重晒 1~2d，晒时要注意翻动，以提高发芽温度，然后继续堆放，重新盖稻草、淋水，20~30d 后，拣出具有白色小芽点的果实，进行育苗。如种子量不多可用箩筐催法，将果实装在箩筐内，用稻草封盖箩筐口，置于屋内保温。淋水后，待果皮发酵腐烂时，将箩筐连同果实一起放在河沟内洗擦干净，然后依上法放于屋内，当有白色芽点时即可育苗。按株行距 30cm×30cm 开小穴，施基肥，每穴放 1 个经过催芽后露白的种子，覆土 2~3cm，压实后盖草，淋水至湿为度。

（三）育苗

用高 30cm，宽 25cm 的塑料薄膜袋，底部打孔，先装入 3/5 的营养土（表土、火烧土、土杂肥为 6：2：2 混合）、然后放进萌芽的种子。芽点向上，再盖土至满袋并撒少许细砂以免板结，上面再盖草覆盖，淋水至全湿为止。每天淋水一次，苗床上空架设遮阳网以避免阳光直射。待苗有 4~5 片叶时，便可出圃。移栽前 7d 施一次送嫁肥，以人粪尿为好。

二、建园

园区选址要求不严格，但是不能选择地下水位很高的地方或者经常受水淹的田地，因为槟榔是浅根性植物，水位过高容易造成槟榔烂根而死亡，同时不能选择有有害的重金属、有机物比较严重的田地，防止槟榔果实含有对人体有害物质。一般选择背风向阳，土壤疏松肥沃的山坡谷地、河沟边、房前屋后、田头、地边种植。若在风大或台风必经之处种植，要营造防护林。

三、整地

在坡度超过 15°的山地，要挖宽 1.5~2m，向内倾 15°~20° 的环山行。一般行距 2.5~3m。株距 2~2.5m。植穴 80cm 见方，60cm 深，穴施基肥再回表土，待雨季定植。每亩约 100 株。

四、定植

苗木经过 1~2 年的培育，待苗高 60cm、具 5 片叶以上时，便可移苗定植。目前生产上还采用营养器育苗，将经过催芽的种子放盛装营养土的塑料袋中，每袋放豆粒，袋口直径 25cm，袋高 30cm，袋底要打 2~4 个小孔，以利通气排水。移植时不损伤根系，成活率高。以春季 3—4 月定植为宜，海南省大面积造林，宜在秋季 8—10 月、以顶端箭叶尚未展开时定植，成活率最高。定植时宜选阴天进行。挖苗时不要损伤根系，要带土球，并剪去部分老叶。按株行距挖穴定植，一般每亩定植 100 株。定植不宜过深，踏实后淋足定根水，用杂草覆盖，或插小树枝遮阴，减少蒸发。如用营养袋育苗，在定植时要除去营养袋。

五、田间管理

（一）遮阴

在定植后的最初几年，根浅芽嫩，为了保护幼嫩的槟榔苗不受烈日暴晒和减少地面水分蒸发，可在槟榔行间种植覆盖植物。海南产区在槟榔周围种飞机草、山毛豆等，也可间种一些经济作物、草本药材，既可荫蔽幼树，又可压青施肥，防止土壤冲刷，保持林地湿润，还可增加收益。

（二）灌溉排水

在雨水较少的季节，应加强灌水。在多雨的季节，要注意排水，避免积水，造成病害蔓延。

（三）除草培土

幼龄期要保持植株周围无杂草，每年除草 3~4 次，并使土壤疏松。结合除草进行培土，把露出土面的肉质根埋入土中，以增强根系对养分和水分的吸收。除草培土后可将易腐烂的杂草覆盖回槟榔基部。

（四）施肥

幼龄期是以营养生长为主的阶段，需要氮素较多。因此，施肥以氮肥为主，植后第 2 年至结果前，每年要施 3 次肥，每株每次施堆肥 5～10kg、磷肥 0.2～0.3kg、尿素 0.1kg（或人粪尿 5kg），植株旁边挖穴施下，盖土。生产第一年每株加施氯化钾 0.2kg。

成龄槟榔营养生长和生殖生长同时进行对钾素的要求较多，正常生长的槟榔，花芽含钾量 2.37%，比其他叶片高 2.5 倍左右，故成龄树要增施钾肥。一般每年施肥 3 次：第一次为花前肥，在 2 月花开前施下，每株厩肥 10kg、人粪尿 10kg、氯化钾 0.15kg；第二次为青果肥，此期叶片生长旺盛，果实迅速膨大，需要较多氮素，故要增施氮肥，6—9 月施下，每株施厩肥 15kg、人粪尿 10kg、尿素 0.15kg、氯化钾 0.1kg；第三次为入冬肥，以施钾肥为主，施肥量根据实际情况而定。

六、槟榔保花保果技术

槟榔结果树正常情况下一年内可开花、结果 3～4 次，并在每年的 4—9 月抽生新叶，整年的生长要消耗大量的养分，且在开花、结果期易遭受病虫的为害，容易造成落花落果现象。因此在生产上要注意改善栽培措施、加强肥水管理和病虫害防治，以提高槟榔的坐果率，促进丰产。

第二节　槟榔主要病害防治

一、叶点霉叶斑病

【为害特点】

此病为槟榔主要病害之一，海南各地普遍发生，为害严重。重病区小苗发病率 80%～95%，直接影响苗木生长，严重的病叶枯萎，导致死苗。成龄株受害叶斑累累，严重影响生势。

病菌主要从叶尖侵入并向叶基部扩展。病斑呈不规则形，大小不一，长度2~35cm。病部边缘深褐色，中期灰褐色或灰白色，其上散生很多小黑点，后期病叶干枯。

气温偏高，阴雨多湿的条件利于病害的发生发展。槟榔园管理粗放，土壤贫瘠，以及树势衰弱也易发病。

【防治方法】

加强田间管理，排除积水，增施肥料，清除落叶。可选用1%波尔多液、50%甲基硫菌灵可湿性粉剂1 000倍液、75%百菌清可湿性粉剂600~800倍液喷雾，每隔10~15d喷1次。

二、炭疽病

【为害特点】

槟榔主要病害之一，海南各地都有发生，小苗和成龄株均受其害。病斑大，不规则形，灰褐色，具轮纹，边缘有双褐线围绕，其上密布小黑点，后期病组织破裂。

一般在高温多湿的气候条件下容易发生。风、雨是病菌传播的主要媒介。槟榔遭受寒害后，往往发病严重；苗圃失管荒芜、缺肥或害虫多也易发病。

【防治方法】

合理施肥，消灭荒芜，以增强其抗病能力；冬季做好田间卫生，清除病叶。可选用1%波尔多液、70%甲基硫菌灵可湿性粉剂1 000倍液、80%代森锌可湿性粉剂800倍液喷雾。

三、幼苗枯萎病

【为害特点】

心叶刚展开的二叶龄幼苗，叶缘出现长条形，淡褐色，水渍状病斑，而后病斑扩大呈不规则形，灰黑色，其上产生大量小黑粒。重病叶全叶变黑、纵卷枯萎或腐烂。幼芽受害，引起死苗。

夏秋季期间，雨水多是最重要的发病因素。苗圃荒芜、地势低洼、排水不良也易发病。

【防治方法】

加强苗圃管理，增施肥料、排积水；拔除并烧毁已死病株，减少侵染来源；喷施 0.5%波尔多液、50%多菌灵可湿性粉剂 800 倍液、50%甲基硫菌灵可湿性粉剂 1 000 倍液。

四、芽腐病

【为害特点】

此病虽发生不普遍，但病株受害严重，损失较大。小苗和结果树受其害时，病株心叶褪绿、卷曲，而后呈现不规形的红褐色斑块。幼芽腐烂或枯萎，有臭味；高湿条件下，病部出现朱红色的黏性斑点。

高温高湿是本病发生发展的主要条件，台风雨后，发病尤重。

【防治方法】

发病初期喷施 1%波尔多液或 50%多菌灵可湿性粉剂 1 000 倍液。

五、果穗枯萎病

【为害特点】

此病发生较普遍，病穗枯萎，病果脱落。感病果枝呈暗褐色枯萎；果实上病斑灰褐色，略下陷、病部散生大量小黑粒。

【防治方法】

合理施肥，消灭荒芜，以增强其抗病能力；冬季做好田间卫生，清除病叶。可选用 1%波尔多液、70%甲基硫菌灵可湿性粉剂 1 000 倍液、80%代森锌可湿性粉剂 800 倍液喷雾。

六、槟榔黄化病

【为害特点】

此病没有明显的中心病株、同时多株发现黄叶，初期最下层老叶先黄化，然后依次向上一片片黄化脱落。黄化的叶片先为枯黄色，然后坏死呈灰褐色大斑，黄健交界处不分明，脱落的黄叶不见任何病原菌。有时最下层老叶完全黄枯脱落，但上层叶片仍正常。凡是患病株，花序瘦小、过早枯萎、雌花小而多败育，结了果也必然脱落。树龄越大黄化越严重。此病属生理性缺钾引起，不是病害，而是缺素症。

【防治方法】

（1）适当增施化肥。尿素、氯化钾、复合肥，还另加适量硫酸镁。

（2）酸性过强的土壤宜施石灰以中和土壤酸性。

（3）防止水土流失，修建保水保肥工程。

第三节　槟榔主要虫害防治

一、红脉穗螟

【为害特点】

红脉穗螟俗称蛀果虫、钻心虫，是槟榔的重要害虫。

主要钻食槟榔的花穗和果实，偶见为害槟榔心叶。红脉穗螟的幼虫钻入槟榔的佛焰苞，被害花苞多数不能展开而慢慢枯萎。已展开的花苞也会被幼虫为害，幼虫把几条花穗用其所吐出的丝缀粘起来，加上其排泄物而筑成隧道，幼虫隐藏于其中。取食雄花和钻蛀雌花，花穗被害率20%～50%，死亡率10%左右。幼虫也钻食槟榔的幼果和成果，主要从果蒂附近的幼嫩组织入侵，钻食果肉，被蛀果留下果皮，提早变黄干枯，造成严重落果。此外，幼虫还钻食槟榔的心叶，心叶的生长点被取食，导致整株槟榔死亡，死亡率5%左右。

海南每年发生10代，世代重叠，无明显的越冬现象，周年可发现幼虫和蛹。据观察，幼虫的第一个发生高峰期是6月下旬，也是槟榔第三穗花的盛花期，幼虫主要为害花穗。第二个发生高峰期10月上旬，是槟榔的成果期，幼虫主要为害成果，引起严重落果，成虫对槟榔不为害，白天静伏在槟榔叶背面，多在夜间活动，趋光性不强。卵散产或堆产在花序或果蒂附近的幼嫩组织表面上。

【防治方法】

（1）从槟榔开花至收果前，及时清除被红脉穗螟幼虫为害的花穗和被蛀的果实，对抑制红脉穗螟的发生有一定作用。

（2）冬季结合清理槟榔园，把园内的枯叶和枯花、落果集中烧毁或堆埋。此外，附近有油棕或椰子园也要进行冬防，减少来年的虫源。

（3）在幼虫出现的高峰期可喷施20%氰戊菊酯2 000~3 000倍液或2.5%溴氰菊酯2 500~5 000倍液，效果良好。

二、椰心叶甲

【为害特点】

主要为害未展开的幼嫩心叶，成虫和幼虫在折叠叶内沿叶脉平行取食表皮薄壁组织，在叶上留下与叶脉平行、褐色至灰褐色的狭长条纹，严重时条纹连接成褐色坏死条斑，叶尖枯萎下垂，整叶坏死，甚至枯顶，树木受害后期表现为部分枯萎和褐色顶冠，造成树势减弱后植株死亡。一棵槟榔树最多可以有几千头椰心叶甲，一年之内可以让一棵槟榔树枯萎。椰心叶甲的成虫和幼虫主要潜藏于未展的心叶或心叶间取食为害。受害心叶伸展后变为枯黄状，严重为害时新抽叶片呈火烧状，不久树势衰败。

【防治方法】

（1）化学防治。目前在我国应用化学防治椰心叶甲的方法多样，有挂药包、高压喷雾、钻杆注射、地下埋药等。对受害槟榔，剪除受害的新叶，在切口处淋灌 100mL 甲胺磷 1 000 倍液（也可选辛硫磷、吡虫啉、高效氯氰菊酯等药剂），有很好的防治效果。对高大的槟榔心部叶片可悬挂椰甲清粉剂，即将叶甲清粉剂药包固定在植株心叶上，让药剂随水或人工淋水自然流到害虫为害部位从而杀死害虫，只要药包中还有药剂剩余，一旦下雨，雨水都会带着药剂流向心叶起到杀虫作用，挂包法比其他化防方法有明显效果，且药效期长、效果较好，无粉尘或雾滴飘失污染，有利于环境保护，对控制疫情发挥了巨大的作用，防治效果可达95%以上。

（2）生物防治。应用绿僵菌防治椰心叶甲是一种经济安全有效的方法，在海南绿僵菌田间防治椰心叶甲的致死率约60%，持续期可达 120d 左右，但易受温度、湿度、气候等因子的影响。

（3）寄生蜂防治。释放椰心叶甲寄生蜂是一种既有效又安全的生物防治方法，目前已在海南多地释放椰心叶甲寄生蜂，并取得较好的防治效果。

参考文献

黄新忠. 2016. 南方落叶果树优质高效栽培技术 ［M］. 厦门：厦门大学出版社.

李俊强，何锋，杨庆山. 2018. 果树栽培技术 ［M］. 北京：北京工业大学出版社.

彭成绩，蔡明段，彭埃天. 2017. 南方果树病虫害原色图鉴 ［M］. 北京：中国农业出版社.

张同舍，肖宁月. 2017. 果树生产技术 ［M］. 北京：机械工业出版社.